花与中国文化

FLOWERS AND CHINESE CULTURE

李仲芳 编著

西南交通大学出版社
·成都·

图书在版编目（CIP）数据

花与中国文化 / 李仲芳编著. —成都：西南交通大学出版社，2016.1（2021.6 重印）
ISBN 978-7-5643-4449-8

Ⅰ.①花… Ⅱ.①李… Ⅲ.①花卉–文化–中国–教材 Ⅳ.①S68

中国版本图书馆 CIP 数据核字（2015）第 309580 号

Hua yu Zhongguo Wenhua
花与中国文化

李仲芳　编著

责任编辑	邹　蕊
特邀编辑	李海华
封面设计	严春艳
出版发行	西南交通大学出版社 （四川省成都市金牛区二环路北一段 111 号 西南交通大学创新大厦 21 楼）
发行部电话	028-87600564　028-87600533
邮政编码	610031
网　　址	http://www.xnjdcbs.com
印　　刷	三河市同力彩印有限公司
成品尺寸	185mm×260 mm
印　　张	12
字　　数	277 千
版　　次	2016 年 1 月第 1 版
印　　次	2021 年 6 月第 4 次
书　　号	ISBN 978-7-5643-4449-8
定　　价	38.00 元

课件咨询电话：028-81435775
图书如有印装质量问题　本社负责退换
版权所有　盗版必究　举报电话：028-87600562

前　言

在我们居住的这个蓝色星球上，有一种生命既脆弱又顽强，既短暂又永久，既卑微又尊贵，既素朴又艳丽，凡有人的地方必有她存在，没有人烟的地方她也安然存在，她的生命可以追溯到一亿四千多万年前的侏罗纪，而人类诞生不过三百万年。她，就是遍布全球的花卉。

花卉是植物世界的精灵，她凸显植物世界最美的本质特征，其千姿百态的造型、万紫千红的色彩、沁人心脾的芳香、周而复始的呈现、无声无息的绽放、顽强亘古的生命力，都显示出天地之纯美，足以傲然于生命世界……

人类一诞生，不仅观花卉，食花果，获得生存的部分给养，而且还从花卉的生命现象中获得关于美、关于生命、关于德行的感悟和体会，不断丰富着人类的生命意志和道德情怀。花卉，培育了人类观花、赏花、咏花、画花、插花、食花、乐花的生活习性。花与人就如此地在美的本质上相互契合、相互激荡，展开游走与绽放的生命形式，追寻丰富与绚丽的生命意味，抒写善美与芬芳的生命德行。由此，花卉进入人类独有的文化创造视野，构成了积淀深厚的花文化，成为人类物质文明和精神文明的重要组成部分。

中华花文化源远流长，博大精深。前人从科技、文学、绘画等多个领域对中华花文化做了卓有成效的探索和研究。根据文献记载，从战国时期至民国36年，我国有关种花、赏花的专著约250余部。特别是我国古代花诗浩如烟海，花意象灵韵独具。新中国成立后，我国组建了中国花卉协会花文化专业委员会，并设立了花卉文学、花卉艺术、花卉应用、花卉历史、药用花卉、食用花卉6个组。我国花卉园艺界前辈陈俊愉院士及程绪珂等著名教授，曾潜心研究并精心指导我国的花文化工作；周武忠等一直致力于构建中国花文化的框架体系，对中国花文化做过较为系统的整理和挖掘；张启翔做了中国花文化起源与形成研究；王瑛珞对我国养花、种花、赏花、诵花的历史沿革和名花的形成以及我国花文化的特色做了研究，认为我国花文化与整体文化相融发展，具有厚重的审美价值，饱含高度的道德内涵。我国在花卉自然科学领域取得的成就也很多。现在部分高校还把花文化作为博士、硕士研究生毕业论文的选题。总而言之，前人在花文化方面的成果璀璨，令人仰慕，在此无法述说穷尽。

在中国传统文化中，养花、赏花、绘花、写花，一直是人们陶冶情操、修身养性的重要途径。"梅令人高，兰令人幽，菊令人野，莲令人淡，春海棠令人艳，牡丹令人豪，蕉与竹令人韵，秋海棠令人媚，松令人逸，桐令人清，柳令人感。"学习国学可以点燃济世的激情，学习科技和经济可以得到强国富民的本领，学习美学可以提高精神素养和生活品位。大学是人生最美好的时光，大学的生活、学习和经历影响一个人的一生。作为教育工作者，我们有必要通过高校课堂，把中华花文化传承并发扬光大。有些高校已开设了花与中国文化课程，但尚未见有教材出版。因此，我通过几年来"花与中国文化"通识选修课的教学实践，搜集大量前人文献，整理编辑成该书，内容包括中国花文化的形成及特点；世界园林之母——我国丰富的花卉资源；花卉审美要素及赏花技巧；花与中国文学；中国传统工艺美术中的花草图案；各民族传统花卉节日与花习俗；花卉故事传说；花语及花卉礼仪；国花与市花；插花、押花、盆景制作等花艺；我国 12 种传统名花的花文化及其繁殖栽培技术的简要介绍。

本书力求取材恰当，简明实用，循序渐进，具有系统性、创新性和趣味性，符合本科跨专业学生的知识结构和特点；能使普通本科院校学生通过该教材内容的学习，学会如何识花、赏花，并掌握基本花艺；提高审美和人文素养，传承中华花文化；拓宽知识面，开阔视野，实现通识课教育理念和目标。本书亦可供花卉爱好者和研究人员参考，使其在短时间内了解中华花文化，并得到精神的升华和动力，去探索更多花文化的奥秘，创造出更加灿烂辉煌的中华花文化。

该书由甘肃省微生物学重点学科经费和天水师范学院教研项目经费资助才得以出版，特此致谢！

由于作者水平有限，书中错漏之处难免，敬请读者不吝赐教。

作者
2015 年 10 月
e-mail：fangming9039@126.com

目　录

绪　论 ··· 1

第一章　中国花文化的起源 ··· 6
第一节　中国花文化形成与悠久的文明发展史 ·· 6
第二节　中国花文化形成与数千年花卉栽培历史 ·· 9
第三节　中国花文化与历代人们的生活 ·· 12

第二章　中国的花卉资源 ··· 16
第一节　中国花卉资源概况 ·· 16
第二节　中国花卉资源的特点与优势 ·· 19
第三节　中国是世界"园林之母" ·· 22

第三章　赏花基础知识 ·· 24
第一节　花卉分类 ·· 24
第二节　赏花技巧 ·· 25

第四章　花与中国文学 ·· 39
第一节　咏花诗词名句赏析 ·· 40
第二节　花与《红楼梦》·· 49
第三节　花与《镜花缘》·· 52

第五章　中国传统工艺美术中的花草图案 ·· 55
第一节　工艺美术中花草图案的历史渊源 ·· 55
第二节　传统工艺美术中常见的花草图案 ·· 56

第六章　中国各民族传统花卉节日与花习俗 ·· 76
第一节　我国传统花习俗·· 76
第二节　花朝节与花神文化 ·· 78
第三节　少数民族的花卉节日 ·· 83

第七章　花卉故事传说 ·· 89
第一节　各种花卉的传说·· 89
第二节　花木典故 ·· 100

第八章　花语及花卉礼仪 ·· 104
第一节　花语 ··· 104

第二节　花卉礼仪 ... 110

第九章　国花与市花 ... 116
　　第一节　我国的国花与市花 ... 116
　　第二节　世界各国的国花 ... 118

第十章　花　艺 ... 120
　　第一节　插花艺术 ... 120
　　第二节　押花艺术 ... 128
　　第三节　盆景艺术 ... 134

第十一章　中国传统名花及其栽培 ... 140
　　第一节　冰心玉骨——梅花 ... 140
　　第二节　国色天香——牡丹 ... 142
　　第三节　寒秋之魂——菊花 ... 144
　　第四节　王者之香——兰花 ... 146
　　第五节　四时常开——月季 ... 149
　　第六节　繁花似锦——杜鹃 ... 151
　　第七节　寒冬娇客——茶花 ... 153
　　第八节　清丽脱俗——荷花 ... 154
　　第九节　十里飘香——桂花 ... 157
　　第十节　凌波仙子——水仙 ... 158
　　第十一节　玉雪霓裳——玉兰 ... 160
　　第十二节　花香馥郁——蜡梅 ... 162

附　录 ... 164
　　附录一　中国历代花卉名著 ... 164
　　附录二　世界各国的重要花卉节日 ... 172
　　附录三　世界各国国花与市花 ... 174
　　附录四　中国各省份省花和部分城市市花 ... 177
　　附录五　二十四番花信风 ... 179
　　附录六　花中十友和十二客 ... 180
　　附录七　花卉药用食疗健体配方 ... 182

主要参考文献 ... 184

绪 论

千百年来，花卉远远超脱了观赏和情感的范畴，深深地渗透进了中国文化之中，形成了源远流长、博大精深的花文化。步入信息时代，受各种艺术思潮的相互影响，花文化发展更加迅速。花昂然进入了各个领域，成为美化生活，推动社会进步、经济发展的重要物质基础和精神财富。并且东西方通过花文化交流，互相融合，取长补短，日臻完善，逐渐形成了中华花文化的知识体系。

一、花文化的基本概念

花是指观赏植物的总称（狭义的花仅指被子植物的繁殖器官）。文化是一个非常广泛的概念，给它下一个严格和精确的定义是一件非常困难的事情。不少哲学家、社会学家、人类学家、历史学家和语言学家一直努力，试图从各自学科的角度来界定文化的概念。然而，迄今为止仍没有获得一个公认的、令人满意的定义。笼统地说，文化是指人类在社会实践过程中所获得的物质、精神的生产能力和创造的物质、精神财富的总和，包括一个国家或民族的历史、地理、风土人情、传统习俗、生活方式、文学艺术、行为规范、思维方式、价值观念、宗教信仰等。

中国是一个迷人的花卉王国，不仅拥有众多的奇花异卉，人民培育、利用花卉的历史也极其悠久。而且，随着花卉与人民生活关系的日益密切，自然的花卉被不断注入人们的思想和情感，不断融进文化与生活的内容，形成一种与花卉相关的文化现象和以花卉为中心的文化体系，这就是中国的花文化。其含义应指古往今来人们在培育、观赏和利用有观赏价值的花、草的过程中创造和获得的物质、精神财富的总和。

二、花文化的内容

中国花文化的内容十分丰富，美丽的花儿代表了人类许多的情感，如爱情、亲情、友情、敬仰之情等；鲜花还象征了人类的许多精神，如坚忍、自由、高贵、儒雅等；鲜花更是人类美好愿望的寄托，如长寿、幸福、吉祥、财富……按大类划分有花卉的专业科研与教育，有园林中的各种应用，还有更多是以文学艺术形式，以诗歌、传说、绘画、雕塑、石刻、剪纸、盆景、插花、押花、歌曲、舞蹈等众多形式表现出来的，活泼多样，令人喜闻乐见。具体的有花书、花诗、花画、花歌、花舞、花膳（包括"面花"）、花饮、花织锦、花工艺品以及花节、花会、花语等，各具特色。花文化不只是园艺事业（一种

技艺），也不只是美学欣赏（一种感受），而是文化，体现着社会群体的生存环境、民族习俗、生活方式、文化传统等各种因素的综合，不仅涉及宗教、民俗、经济、政治等广泛领域，更重要的是与人类学家所强调的民族性、文化传统和生活方式相联系。

孙伯筠认为中国花文化包括以下几方面内容：

（1）举办各种花事活动并将其盛况记载下来，诸如各朝各地的花市、花展、花节盛况，借以展现繁荣欢乐的社会风貌。

（2）直接表现或描绘各种名花异卉的琼姿仙态之美，以展示大自然的美景，使人获得美的享受和生活的乐趣。

（3）介绍古今名人赏花赞花或育花的种种趣事，以此增加人们的生活知识和乐趣。

（4）以花为题，借花传情，或阐述人生哲理，以起教育作用，或表示祝愿、希望和祈求，或表达个人的种种心态与冥想。

（5）介绍花卉栽培的知识、信息、经验，以及科学新方法、新技术等供人们学习参考。

（6）通过多种形式来表现花文化，如写诗、绘画、歌曲、舞蹈、雕塑、插花等众多艺术形式。

（7）将花卉的名字与一个国家、城市，一个产品，甚至于人的名字联系起来。

三、中国花文化的特点

花儿以其鲜艳亮丽的色彩、柔媚多姿的形态、淡浓各异的馨香，常使人们将人间女子的阴柔之美与之联系起来，而这种共性的美的发现和认同，正是人花互喻的基石，并成为文学中人们喜闻乐见的描摹手法。但是，在中国的传统文化中，人们对于花卉的赞赏并不单单满足于美女鲜花这类尚止于表象的比拟，而是更进一步，在审美观中，将花卉视作具有内蕴生命力和灵魂的生灵，并由此演绎出种种人花之间"灵肉"渗透的奇情异想，展现了世界文化视野中极具东方色彩的花文化特点。

花根植于中国文化之中，人品和花格的相互渗透是这一文化现象的集中体现。中国文人赏花时并不是单单欣赏花儿美丽的外表，他们常常把花木当作与人类在本质上具有一致性的灵性之物来对待。因此，他们在对花木的审美过程中，往往会自觉或不自觉地把自己的心情、感受借助花木表达出来。生命类比的运用，渊源于中国古老的易学所阐发的宇宙一统同质同构的有机整体观以及强调"抱一为天下式""万物与我为一"的老庄思想。这一东方式的思维推演，长久以来激发着人们对花木生命力的想象，并每每以人的感情世界去观照花木的世界，赋予花木以人格的内涵，人格寄托于花格，花格依附于人格，二者不可分离。浸润于这样的理念，古人待花犹若待人，他们兴之所至，接花为客，拜花为友，如"岁寒三友"以及宋代曾端伯以十种名花比作朋友，尊花为师，如清朝李汝珍小说《镜花缘》将牡丹、兰花、梅花、菊花、桂花、莲花、芍药、海棠、水仙、蜡梅、杜鹃、玉兰等十二种名花尊为花师，甚至为花封王封相，如牡丹、芍药。他们惜花如惜佳人，认为花可亲而不可亵，可赏而不可折，所谓"撷叶一片者，是裂美人

之裳也;掐花一痕者,是挠美人之肤也;拗花一枝者,是折美人之肱也;以酒喷花者,是唾美人之面也;以香触花者,是熏美人之目也;解衣对花狼藉可厌者,是与裸裎相逐也。"他们像为人一样为百花过生日,号为花朝节。他们相信花似人一般抱有伦常操守,如傲骨贞姿,见之于梅,静雅慎独,见之于兰,清廉无染,见之于莲,孤禀劲节,见之于菊……这类拟人为花,看花如人,花中有我,我中有花,人花不分。

由于抱着这种深厚的信念,古人对花木往往自觉或不自觉地流露出非同一般的情愫,将花木的秉性与我们自身人格内涵进行比照。在兰花的习性上,人们看到的是它卓尔独立,坚韧不拔,身怀异香,却甘于寂寞,而这些正是君子难能可贵的品德。"知有清芬能解秽,更怜细叶巧凌霜",赞的是兰花的幽香高雅。宋周敦颐《爱莲说》曰:"莲之出淤泥而不染,濯清涟而不妖,中通外直,不蔓不枝,香远益清,亭亭静植,可远观而不可亵玩焉。"原来也是同样发现了莲花身上所体现出来的君子之风。与兰并列者,梅兰竹菊,人称花中四君子,这梅、竹、菊,同样受到古人的推崇。梅花不畏严寒,开于初春,菊花迎着西风,于深秋吐蕊发荣,在人们看来,它们因不与百卉并盛衰,不求闻达于俗世,铁骨霜姿,高洁隽逸。"梅标清骨,兰挺幽芳,茶呈雅韵,李谢浓妆,杏娇疏雨,菊傲严霜,水仙冰肌玉骨,牡丹国色天香,玉树亭亭阶砌,金莲冉冉池塘,丹桂飘香月窟,芙蓉冷艳寒江。"

四、弘扬中华花文化,促进经济社会和谐发展

进入现代,花及花文化的经济功能已经被绝大多数国人所认识。诸如举办各种各样的花会和花博会、园展会来招徕游客、扩大影响等。然而,深入比较中外花文化的认识及态度,会发现两者有很大不同。从历史渊源上看,与我们悠久的花文化相比,外国火极一时的郁金香文化、康乃馨文化、百合花文化、火鹤花文化,完全不可等同而语。就文化内涵而言,两者应该是互有特色。即使同属西欧的荷、法、意、英、德,不同国家、不同民族的花文化,也各有千秋难分高低。但是,国际上一些发达国家对花文化的社会功能,已经发挥到了极高的水平,远远大于我们的花文化所发挥的作用。以目前世界上用量、销售额都很高的商品花卉——郁金香为例,荷兰人把郁金香人化、仙化,使之成为美丽和爱情的化身;继则通过大仲马等作家、诗人之手,对郁金香大加褒奖,把它变成了胜利和美好的象征;之后再让它回到人间,使郁金香更加获得荷兰人的喜爱。进入近代工业经济时期,郁金香成了现代花卉经济的宠儿,一边导入最先进的生物科技手段对之进行品种改良,一边加紧很有特色的文化品牌包装,极力推向国际市场,使"郁金香热"风靡荷兰,红遍全世界,成为世界级名花。

康乃馨的显赫声名,也是西方国家花卉界、文化界、政治界一致努力的结果。"康乃馨"又名"麝香石竹""香石竹",原产于南欧、亚洲西部和地中海沿岸,通过多年的人工栽培而成为品种繁多、花型多样、色彩丰富、插花观赏期长,且易包装、耐磕碰、适宜做切花或家庭盆栽的花卉,备受人们的喜爱。最耐人寻味的是有关这种花的文化嬗

变,古希腊神话或新编古神话中,已有不少关于康乃馨的传说,因此康乃馨在希腊拥有了"花冠"的神圣地位。这些传说固然有扩大影响的作用,但不足以帮助康乃馨在花卉大家族中出类拔萃。于是,在科学栽培和市场应用过程中,人们从社会文化的角度审视这种花,发现了它的一些特殊品性、气质:首先是它的花型秀丽,热情而不张狂,像是一位有着敦厚美德的温柔女子;更引人注目的是当康乃馨主茎的大花绽放之时,经常会在它的叶节处抽芽、长出几支细的花茎,有时还会开出朵朵小花,大花与小花并存,形成类似人类母子亲情关系的组花,因此,康乃馨成为了"母亲之花"。1909年5月9日美国总统威尔逊签署法令,将每年5月第2个星期日定为"母亲节";美国邮政又率先发行母亲节纪念邮票,邮票上印有一位慈祥的母亲和一束鲜艳美丽的康乃馨图案。随着这枚邮票的传播,康乃馨在世界许多人的心目中再次升华,从而奠定了康乃馨"母亲花"的地位,受到更广泛的敬重,甚至演化为所有女性美好典雅的象征。

而中国也有一朵古老的母亲之花——萱草,《诗经》里有载:"焉得谖草,言树之背?"谖草,就是萱草。古人母亲常住北房("树之背"),儿出行女出嫁,要在北房前栽种萱草,使母亲见萱草而减忧思。由此,萱草就成了母爱的象征,大量出现在古人的诗文中,如"萱草生堂阶,游子行天涯;慈母依堂前,不见萱草花""白发萱堂上,孩儿更共怀"等。后来又延伸成了我国公认的"母亲之花"。但是,我们对萱草花文化的挖掘,远远赶不上外国对康乃馨、郁金香等下的功夫。同是"母亲之花",康乃馨红遍了全球,而萱草却很少有人知道。

日本、韩国和我国台湾,这些年来在宣传梅、兰、牡丹文化方面卓有成效,使这些花卉在世界花卉市场上畅销。它们迅速崛起的主要原因之一,正是我们祖先创造的中华花文化。通过专业界和民间组织的大量花艺团体,研究花卉的利用、发掘各流派插花等花艺、促进国际间花艺文化交流等,古老的中华花文化,发挥了重要的作用。

因此,中外花文化在意识水平、凝练手段、表现方式等多方面的差距,值得我们深省。我们必须努力加快科技创新,依靠科技创造先进生产力,同时加快发掘博大精深的中华花文化,创造出更丰富多彩、更富有吸引力的"现代中华花文化",使中国花卉畅销国内外市场。至于花的歌谣、诗文、小说、电影的创作,如能围绕弘扬花卉文化,在花戏演出的同时扩大花卉宣传,让戏曲与花卉互动、花友与票友兼通,将会使戏曲与园艺相得益彰,交相辉映。

五、学习本课程的目的和意义

我国素有借助花草树木启迪思想,助人伦,成教化的传统。从孔子的君子兰喻,屈原的香草自诩,到茅盾的《白杨礼赞》,舒婷的《致橡树》,从"栋梁木""原上草",到"连理枝""并蒂莲",无不是通过植物的象征意义向世人昭示着处世为人的理想,从而树立起一种人格或者精神的典范。"梅令人高,兰令人幽,菊令人野,莲令人淡,春海棠令人艳,牡丹令人豪,蕉与竹令人韵,秋海棠令人媚,松令人逸,桐令人清,柳令人感"。

在中国传统文化中，养花、赏花、绘花、写花，一直是人们陶冶情操、修身养性的重要途径。人们将热爱自然，热爱生活，憧憬美好未来的情感附之于花，形成了特有的审美观。无论以何种形式表现花的美，都令人赏心悦目。人们借助对花的描绘，实现形式与内容的和谐统一，不仅展现了大自然的美景，给人带来美的享受及生活的乐趣，而且陶冶人们的情操。从《诗经》中描绘桃花的"桃之夭夭，灼灼其华"，到晋代陶渊明脍炙人口的"采菊东篱下，悠然见南山"；从宋代叶绍翁笔下"春色满园关不住，一枝红杏出墙来"那烂漫的杏花，到元代王冕"不用人夸颜色好，只留清气满乾坤"那清丽素洁的梅花。千百年来，这些优美的诗句众口相传，诗中优美的意境陶冶了一代又一代人的情操。

本书是本科通识课程教材，让学生通过该教材内容的学习，学会如何识花、赏花，并掌握基本花艺；提高审美和人文素养，传承中华花文化；拓宽知识面，开阔视野，实现通识课教育理念和目标。

第一章 中国花文化的起源

中国花文化是伴随着中华民族文化的孕育发展而逐渐壮大起来的。同时，中国丰富的花卉种质资源和花卉栽培历史也是中国花文化形成发展的重要基础。此外，"形式快感"在花卉审美形成中起了较大的作用。审美中的内模仿与移情作用和花卉的实用性对花卉审美心理及文化的形成也产生了较大的影响。

第一节 中国花文化形成与悠久的文明发展史

花卉是农业的一部分，花卉的利用和花文化的形成与我国古代农业及制造业是分不开的。由于农业的发展，推动了制造业和手工艺的进步。在农业发展的基础上，才有了花卉的发展。距今 8 000 到 4 000 年前，在我国的长江流域和黄河流域相继出现了陶瓷和青铜器。陶瓷业和青铜器业的出现又极大地推动了生产和文化的发展。

一、新石器时代

从一系列的考古发现可以看出，长江流域是我国稻作农业的发源地，黄河流域则是我国粟类作物的发源地。农业的发展推动了手工制造业的发展。我国新石器早期，陶器比较原始，陶器上很少有装饰。随着农业的发展，人们对植物有了一定的审美意识，并将其表现在陶器的装饰上。在新石器早期的河姆渡文化中（距今约 7 000 年）已有花文化的萌芽。出土的两件陶制品说明了当时先民们对植物的审美认识和社会对植物的应用情况。一件是 1973 年在浙江省余姚河姆渡遗址第四文化层出土的鱼藻纹黑陶双耳盆，另一件是刻画在陶片上的盆栽植物图案，画面是一个长方形陶盆，陶盆的上面种植了一棵五叶植物。从这些栩栩如生的画面中可以看出，我国花卉盆栽历史以及植物人工栽培的历史比我们想象得更为悠久。

植物和花卉的纹饰、彩画及其制品的大量出现是在新石器时代中期。在陶器的表面处理和装饰上不仅施有陶衣，还有彩画植物纹、动物纹以及人纹等。如 1979 年山西方山出土的勾叶纹彩陶盆，这是新石器时代仰韶文化的陶器。口沿涂彩，腹上部绘色叶纹、圆点纹，图案简单、造型美观。1966 年江苏邳县出土的彩陶小口壶，是新石器时代大汶口文化的陶制品。器表打磨光滑，施一层红色陶衣，绘饰花瓣纹图案，用白彩描绘弧线三角纹及直线纹。露地部分即成连续的花瓣纹，再在白线纹样上填以黑彩，边缘露白色，花瓣纹中央又饰一黑彩圆点，构成白彩勾边的花瓣纹图案。这是相当精美的花卉花瓣的装饰图案。可见在6 000多年前，我国新石器时代古人不但认识花卉、使用花卉，而且产生了很强的审美观念，并力图在器物上采用抽象的表现形式。

大汶口文化中表现花瓣装饰的还有1963年和1976年从江苏邳县出土的喇叭花纹陶钵和花瓣纹彩钵等。除花卉纹饰图案外，以花卉形态作为原形并抽象化为实用器皿的陶器也在此时期出现。如1997年山东莒县出土的新石器时代黄河下游大汶口文化（公元前5000—前4000年）白陶封口鬶，这是用来煮肉、煮鱼等用的三袋足陶器。封口上有形象逼真的莲蓬状透气筛眼。据专家研究认为，倘若当时制陶艺人不曾见过莲蓬、摘食过莲实，对荷花审美留下不可磨灭的印象，绝不可能凭空想象臆造这种形象。

花卉在青铜器中的应用出现在商代后期。1976年在河南安阳殷墟妇好墓出土的妇好中柱盂，为商后期的青铜器，高15.6 cm，口径31 cm，可能为盛水器或蒸食器。盂底中部有一镂空四瓣花朵形柱。这种花朵似水生花卉中华萍蓬草，盂中装水则花朵似在水中盛开，造型生动，花朵动势很强，有一种生机勃勃的感觉。

春秋战国时期，以花卉为题材的青铜器造型较多。如1923年在河南新郑李家楼出土的莲鹤方壶和1988年在山西太原出土的莲盖方壶，都是春秋中期的容酒器。莲鹤方壶高126 cm，重约64 kg，长方圆角体。盖顶作莲瓣，壶顶上立有一仙鹤正欲展翅飞翔。此方壶设计精巧，构图复杂，造型美观。莲盖方壶高40 cm，口为方形，顶为莲瓣。体量比前者小。以荷花作盖的器具在青铜器中较多，如1978年湖北随州擂鼓墩曾侯乙墓出土的曾侯乙簠，是战国时期用来盛食的器具，在盖上装饰有荷花花瓣。1927年在河南洛阳金村出土的一对孤君嗣子壶也同样具有莲瓣盖。以莲瓣作为器具的盖子，可能是当时社会的一种审美观。

二、西汉和东汉时期

两汉时期我国制陶业极盛，由青灰陶发展成为饰粉、布朱与彩绘等品种。陶器的用途更加广泛，既可作生活实用品，也可作反映当时社会生活各个方面的陶塑艺术品。到了东汉时期，发明了黄、绿、褐色低温铅釉。当时烧制大型器物水平较高，并有仿植物水生生态景观的陶制品，如1978年在陕西勉县墓葬出土的文物绿釉陶贮水池。这是一种用作贮水的器具，高9 cm，直径36 cm，圆形，平底。池内有四枝荷花花蕾，3片荷叶，叶上栖一青蛙，做欲跳状。在池内还有多种水生植物，如菱角、蒲草，以及多种动物，如鲤鱼、泥鳅、龟、鳖、螺蛳等。构图匀称，动植物栩栩如生。1980年在云南呈贡出土了灰陶陂池水田，这是东汉时期的陶制艺术品，属泥质灰陶。圆形，平底。高7 cm，直径43 cm，池中筑长堤将其分割成两块，一半是水田，一半是坡地。水田中设有闸墩，田中有三道坝，格分为四，池中有荷花、荷苞、游龟，还有双鸭和两只短艇。该画面反映了西汉晚期滇池区"造起陂池，开通灌溉"的农业生产方式，也表明此时在我国西南地区实行了稻田兼种荷花的耕作制度，同时也反映了我国两汉时期陶艺及花文化的发展。

随着社会经济的发展，青铜器制品的应用已从早期的实用性物品向装饰性用品方向发展，从器具向艺术品方向发展。在实用中注重艺术性，在艺术中注重实用功能，人的观念、理念进一步以花卉作为对象在青铜制品中得以表达。如东汉时期的鎏金博山炉是一种焚香熏炉，1980年于江苏邗江甘泉出土。灯为荷花花蕾，高32 cm，通体鎏金。此物既是一件作焚香的器具，也是一件极有观赏价值的艺术品。荷花是佛教的象征，与人类早期信仰崇拜是密切相关的，1976年在广西贵县罗泊湾出土的秦末汉初时期九枝连盏灯是以扶桑作为树形的照明用具。高85 cm，主干为圆柱形，上细下粗，灯柱分3层，向外形成9个树杈，每个树杈顶端有一桃形灯盏。扶桑花是广西广泛栽培的花卉，已成为当时人们喜爱和作为审美对象的花卉之一，此灯具表现形式高度抽象且具有很强的艺术性和实用性。

三、三国、两晋及南北朝时期

三国、两晋及南北朝时期的陶器，以骑士俑像等明器为主，同时也有大量生活用具。在这些陶器上，人们很注重外形装饰。这个时期，中西文化已有了交流。由于社会上佛教盛行，荷花装饰在各种器物上较为流行。如1973年在河北景县高雅墓出土的东魏（公元538—549年）褐黄釉陶龙柄瓶，高45 cm，龙柄瓶的上腹阴刻莲瓣纹，莲瓣下方为一圈堆贴花瓣。1971年在河南安阳范粹墓出土的乐舞纹黄釉陶扁壶，高20 cm，这是北齐时期（公元550—552年）的陶制品。黄釉陶扁壶腹部两面皆饰"胡腾舞"图案，中间一人舞于莲台之上，左右各两人配乐伴奏。

四、隋唐及五代时期以后

隋代陶器以白土陶胎敷青白色釉的作品为多，风格鲜明。彩绘陶已很普遍。唐代时期文化极盛，中外文化交流频繁，制陶工艺发展迅速。伴随制瓷业的兴盛，陶器不断创新。除素陶及彩绘陶外，低温釉陶也增加了很多品种，由单一着色发展为唐三彩。此时陶器的装饰主要是人物造型及形象逼真的花卉图案。如1959年陕西西安墓葬出土的三彩陶塔罐，高69.5 cm，在罐的中间部分装饰有三层莲，莲瓣上下翻卷。器施黄、绿、褐、蓝相间的彩釉，色彩艳丽、造型奇特、结构复杂，是三彩器中较为罕见的艺术品。从唐以后，陶器无论从制陶工艺还是装饰艺术上都有很大的发展，类型越来越丰富，形式越来越多样化。在花卉的表现上多以荷花、牡丹、海棠、桃、玉兰、忍冬等花卉为主。形象生动，题材也较广泛。

从隋唐至五代的400年间，中国瓷器及制瓷业已高度发展。南北各地名窑均出名品。采用花卉作为图案进行装饰的瓶、罐、碗、杯、盒、台、炉、尊等，工艺精湛、形象逼真、色彩艳丽。在不同时期，人们的审美意趣及花文化内涵均能在瓷器中得到反映。

唐朝以后，中国在经济、文化方面有了飞跃的发展，这时除制陶业、金属冶炼业、农业种植业、手工业、建筑业等方面一直保持较高水平外，文化领域内的服饰、装饰、

第一章 中国花文化的起源

金银玉器、文学、绘画、园林等都有了较大发展。不同领域的文明发展对中国花文化的形成产生了重要影响。没有中国古老的文明，就不可能有中国灿烂的花文化。

第二节 中国花文化形成与数千年花卉栽培历史

广义上说，花卉栽培的历史，也是花文化的发展历史。在花卉栽培过程中，人们对花卉的生物学特性及生态学习性有了逐步的了解，对花卉的应用方式也有了更深刻的认识。这样，花文化在形成过程与花卉栽培历史有着必然的联系，换句话说，没有花卉栽培的历史，也就不可能有花文化。早在唐宋时期，中国的花卉品种选育、栽培就处于世界的领先地位，中国的传统花卉种质资源为世界花卉的育种与栽培起到了巨大的作用。

一、新石器时代是中国花卉栽培的初始时期

人类到底是在什么时期开始栽培花卉或观赏植物的，目前还不完全清楚，需进一步探讨。但在旧石器时代，我们的远古祖先在粗制的石器上刻画各种花朵的纹样，甚至染上漂亮的颜色，以此美化生活，这可能就是中国花文化的最早物质表现形式。在新石器时代后期（7 000年前至3 000年前），人们开始有了初步的花卉栽培与应用是可以肯定的。在浙江省余姚县河姆渡新石器时期的遗址中，发掘出约7 000年前的刻有盆栽植物的陶片，表明我国先民不仅知道在田间种植植物，而且知道如何在容器中栽培植物，这是我国将植物用于观赏的最早例证。有人认为这是中国盆景的起源，目前关于这种观点还有不同看法，但作为盆栽应是毫无疑义的。1975年在河南省安阳发掘的殷墟之铜鼎内发现了距今3 200年的梅核，说明早在3 000多年前，先人就开始食用野生梅子，并将其作为陪葬品。

二、春秋战国至秦代是中国花文化初步繁荣时期

距今约3 000到2 000年前，即春秋战国至秦代末期，是我国花卉栽培的初始时期。由于中国社会的变革和经济的发展，社会分工不断扩大，各种手工业生产、青铜冶铸、丝织工艺得以迅速发展，人们开始注意各种花草树木，并开始引种、栽培、应用和欣赏。我国最早的诗歌集《诗经》中就有了大量的花卉记载，在《诗经》305篇中，提到的花花草草达到132种。如描写桃花盛开景象的"桃之夭夭，灼灼其华"（《周南·桃夭》）；描写青年男女生活、爱情的诗有"维士与女，伊其相谑，赠之以芍药"（《郑风·溱洧》），表现了青年男女分别时赠送芍药作为纪念的情景；"摽有梅，其实七兮，求我庶士，迨其吉兮"（《召南·摽有梅》），表现了姑娘在梅园采梅、掷梅给意中人的生活场面。还有描写花卉生态环境的诗句，如"湿有荷华""彼泽之陂，有蒲与荷"等。我国历史上最

早的大诗人屈原（约公元前340—278年）在他创作的名篇《离骚》中有种兰百亩的记载："余既滋兰之九畹（当时1畹约相当于现在12亩）"。据研究，当时的"兰"不一定是现在的兰科兰属兰花（Cymbidium ssp.），可能是菊科的泽兰（Eupatorium japonicum Thunb.）。这种植物古代称为兰草，其茎叶含芳香油，能杀虫去毒，被视为圣洁、吉祥的象征，当时可能作为香草熏衣之用。当然也有学者认为屈原所指的"兰"就是今天的兰花，"兰"百亩仅是诗人的浪漫比喻而已。

秦代期间，秦始皇于咸阳渭水南面兴建了上林苑。此处森林茂密，动物繁多，又从全国各地引入3 000余种植物，方圆75公里；汉代经进一步发展，成为方圆三百里的大型天然植物园、天然动物园和狩猎场。当时引种到上林苑的花卉有梅花、桃、女贞、黄栌、杨梅、枇杷等。当时的引种是以实际应用为主的，而观赏性仅作为兼用的性质。东汉、晋、南北朝是中国历史上一个动荡的时代，南北分立，战乱频繁，也是佛教传入中国的时期。中国与西方诸国频繁交流，促进了我国寺庙园林和花卉的发展。这个时期的花卉栽培已由以实用为主逐渐转为以观赏为主，如汉初在秦代基础上修建的上林苑中已有多个以观赏为主的梅花、桃花品种，这些品种多是全国各地敬献给朝廷的贡品。东晋陶渊明"采菊东篱下，悠然见南山"，表现出一派文人雅士向往的田园风光。在陶渊明的诗集中有"九华菊"的记载，据陈俊愉院士考证，此系复瓣、白色、花朵较大的栽培菊花品种。可见在距今1 600多年前，栽培的菊花品种已经形成，这也是世界上首次出现的栽培菊花品种（陈俊愉、程绪珂，1990）。从东汉出土的陶器也可以看到，在我国云南已有荷花与稻田间作的耕作制度。在此时期，有关花卉的书籍绘画、诗词歌赋以及工艺品等大量出现，如西晋嵇含著的《南方草木状》是世界上最早的植物分类学方面的专著；东晋戴凯著的《竹谱》记载了70余种竹子，是我国第一部园林植物方面的著作；很多绘画作品以花为题材，特别是瓶花、插花应用题材的作品出现较多，表明盆景和插花艺术开始流行。

于这一时期形成的《诗经》，许多就是以花卉草木为题材的，成为我国关于花卉的文学和音乐的最初形式。从《诗经》中关于花卉的描述，如"摽有梅""维士与女，伊其相谑，赠之以芍药"等诗歌中不难看出，那时人们已经将花木用于社交礼仪，以梅子、芍药等植物来传述爱情。从这一时期的吴王夫差太湖之滨的离宫为西施欣赏荷花修筑"玩花池"，及此后的秦、汉时代开始将梅、桃等花木植于帝王宫苑，中国的花卉便正式进入以观赏为目的的精神领域。

三、魏晋、隋唐至两宋时期中国花文化进入昌盛阶段

魏晋南北朝时期的花卉应用技艺已很高超，对花的鉴赏也十分高雅，开始步入较高层次的艺术享受和艺术创作境界。至隋、唐和两宋时期，中国花文化的发展已进入昌盛和成熟阶段，在中国传统文化中占有重要地位。随着大唐盛世的百业兴旺，宋代的稳定与繁荣，带来了中国花卉业的空前发达，举国上下种花、卖花，赏花和插花蔚然成风。据传，当时点茶、挂画、燃香和插花合称"四艺"，成为社会上特别是文人士大夫阶层文化修养和风雅生活的重要组成部分。这一时期，花卉的科技书籍、文学作品、工艺品、

绘画以及盆景、插花等艺术品层出不穷，成绩辉煌，可称中国史上花文化发展的鼎盛时期。

四、明清时期中国花卉栽培和应用理论日臻完善

明清两代是中国各类花卉著作甚多且内容全面丰富、科学性较强的时期，标志着中国花卉栽培和应用理论的日臻完善和系统化。在花木的嫁接和催化方面技术水平显著提高，形成北京、广州、曹州等全国著名养花基地。明末清初开始月季育种，兰、菊品种日益增加，日本菊花、西欧草花也陆续传入我国。

清末封建体制使中国走向末路，至民国时期内忧外患，中国国力急剧下降，经济衰退，花卉业同时几近停滞，花田一片荒凉。

五、现代花文化得到空前发展

1. 人们的物质生活极大丰富后更加注重精神生活

现在人们的物质生活得到极大地丰富后更加注重精神生活，崇尚大自然的美。各地的花展、花市、花节人潮涌动，花卉成为社会重大节日和社交活动中不可缺少的主题，成为城市的象征和标志。在注重城市文化，挖掘城市文脉的今天，文化产业成为新世纪的朝阳产业，在城市经济社会发展中的重要作用更加凸显。近年，各种大型花文化国际论坛相继召开，不同层次的花卉博览会、城市园林绿化博览会已经成为一些城市的旅游热点。

学者们将花卉作为文化产业的重要资源加以研究，深入探讨花卉与观光、体验、休闲、度假、旅游、教育、节庆等方面的结合，在"花卉主题景点""植物旅游资源研究""花卉旅游商品研究""花卉美食研究""花卉与旅游审美研究""花卉与节庆文化研究"等领域施展智慧，成果斐然。花餐、花饮、花浴、花疗、花节、花庆、花艺、花歌、花舞、花礼等为我们生活情趣、生活质量、生活状态提供了别样的格调和范本，使我们对生活的多姿多彩有了真切感知，从而坚定我们的生活信念，对美好未来满怀无限期待和憧憬。

2. 中国花卉物种的多样性决定了花文化的丰富多彩

中国花卉物种和形态的多样性是花文化形成的自然基础，也是花文化实物层面的主要内容之一。从花文化形成的环境与花卉表征的实际情况来看，没有花卉物种的多样性，中国花文化内容绝不会有今天这样丰富多彩，花文化的内涵也没有这样丰富和深刻。这也正是马克思主义辩证唯物主义的基本观点——存在决定意识——在花文化形成中的体现。

自古以来，勤劳、智慧的中国人民在与自然相依共存的发展中，通过引种、驯化栽培及选种，培育出了丰富多彩的花卉新类型和新品种，特别是选育了一大批传统名花优

良品种。这些品种不仅具有形态和姿态的多样性,也具有花期、花香、抗逆性等方面的多样性。来自花卉的天然香料,香得纯真,它们虽香飘短暂,但无形的清香、沉香、幽香、暗香和异香则非人工合成香料所及。

3. 中国花文化的形成基于对花卉生物学特性的充分了解

通过对花卉的各种自然属性的认识,才能把花卉与人性、人品、人的情操来进行类比,逐步形成花卉自然属性与人性、人类社会的种种关联,进而形成一种普遍的社会观念。花文化的历史性、民族性本身与形成文化的自然因子有密切的关系。从文化本身来说,非洲不产玫瑰,因而非洲不可能形成玫瑰象征爱情的花文化内容。同样,欧洲没有梅花,不可能产生梅花象征坚贞不屈的文化内涵。一种文化与这种文化形成的环境不可分割。当然并不是说,有了这种花卉就一定会产生这种相关的文化。梅花只有在中国的长江流域和西南地区,才可能在雪中盛开。在我国的华北、西北地区完全不可能看到这种景象。因而,梅文化早期形成于我国的长江流域,形态特征更是文化的源泉。竹子是空心的,所以有了竹子代表虚心的文化内容。如果竹子是实心的,如同树木一样,就不可能产生代表人类谦虚、虚心的文化符号。中国花卉种类名列世界前茅,因此才有了如此丰富的花文化内容。由于文化本身在不断发展,所以花文化的内容将随着花卉的进一步应用而不断发展创新。

4. 花文化与文学艺术交相辉映

花卉的文化内涵离不开中国文人的建构。陶渊明"采菊东篱下,悠然见南山"使菊花成为花中的隐逸之宗;林和靖"疏影横斜水清浅,暗香浮动月黄昏"将梅花的幽香和虬曲多姿的骨感美刻画到了极致;周敦颐《爱莲说》成就了荷花在人们心目中圣洁的印象;李正封"国色朝酣酒,天香夜染衣"将牡丹推上了万花之首。

文学家将花之美付诸诗词,画家则更直接地描绘花朵的姿色。如郑板桥的画竹和王冕的画梅,都留下不朽的佳作。时至今日,人所共知的"岁寒三友"和"花中四君子"依然是花鸟画的最常见题材。

中国工艺美术中出现花卉题材的历史更为悠久。花卉名称的谐音常被用来表达福、禄、寿、喜、财、洁、顺、吉等吉祥含义(详见第五章),几千年来在民间装饰美术中流行,被广泛应用于雕刻、织绣、印染、陶瓷、漆器、编织、剪纸等各种工艺品的创作中。

第三节 中国花文化与历代人们的生活

中国被公认为世界"园林之母",有六千年花卉园艺史,拥有全人类60%以上的花卉种质资源。但它对于花卉事业的更大贡献,还在于使花卉跳出自然和土壤的束缚,将之融入社会,成为人类物质、精神,甚至政治生活中的重要内容,形成了博大精深的中华花文化体系。花文化从古至今都是人们的生活中不可或缺的部分,深刻影响着人们的生活。

一、花文化融入传统节庆活动中

南宋一代词宗辛弃疾所写《青玉案·元夕》词中"东风夜放花千树。更吹落，星如雨。宝马雕车香满路。凤箫声动，玉壶光转，一夜鱼龙舞。"这是描绘宋代都市举行元宵花灯会，花、灯、音乐这三大喻示喜庆之物在会上交相辉映的盛景。此类花会中，最著名者如开封花会、洛阳花会、成都花会、古越花会等，当时都已办了多年。上推历史，还有南汉时岭南一带大量种植素馨、茉莉而形成的集贸花市，至今留有"花洲渡"等不少古迹。更早的汉晋唐长安附近上林苑中盛极一时的宫庭花会，派生出了"玉树后庭""武后贬牡丹""琼林大宴"等大量传奇故事。而秦晋燕云等北方诸地流行的"社火"中，也多具有民间花会的性质。

许多少数民族及其支派千百年来的娱乐节庆，如彝族的插花节，白族的赶花节，苗族的"跳花场""追花歌"，祭祀天地、敬拜祖先、庆祝丰收、谈情说爱，几乎无不与花联系在一起（详见第六章）。丰富多彩的花文化不仅各个自成门类，而且与我国传统节日深深地融合在一起，充分体现了我国古人对自然的亲近和热爱。例如中秋节品尝桂花食品就是一项别具情趣的赏花习俗。重阳赏菊也是古代中国的传统。

现在，各地都有自己的花市、花展、花节等花事活动。一年一度的花卉界盛会——中国国际花卉园艺博览会已成为国内外花卉同行洽谈贸易与合作的良好平台。上海植物园迎春花展展出了反季节牡丹、反季节郁金香、造型杜鹃、热带兰花、观赏凤梨、洋紫荆等珍奇花卉。北京花展、广州花展……花卉成为及富吸引力的旅游资源，花卉旅游胜地不胜枚举，如牡丹之于洛阳、菏泽，梅花之于南京、武汉，油菜花之于婺源、罗平，桃花之于上海南汇和北京平谷等。

二、花文化渗透于服饰文化中

衣是花文化最基本的载体。自伏羲、神农、黄帝定礼仪制度，"衣袱九章""分五色"，花饰就成了衣服的一个不可或缺的组成元素，又作为彰显社会地位高低的重要手段。花卉纹饰的这种功用，延伸了数千年，到清朝达到巅峰，以致人们只要一看到官员穿的服装上缀绣的花鸟图案，就能知道他的品第身份。古往今来，"花样"成为各种布料的个性标志。特别是丝绸的花样，有时甚至超过面料、颜色，成为它的市场价值中最为重要的衡量因素。由此派生出的刺绣工艺，在秦汉时期便已达到较高水平。"四大名绣"苏绣、湘绣、蜀绣、粤绣之所以扬名中外，中国古代之所以被称为"丝绸之国"，南北水陆"丝绸之路"之所以兴旺发达，均得益于花卉良多。2001年APEC上海会议，各国政要穿着有牡丹图案的唐装亮相，带起了内地和台港澳一股大规模的怀旧风潮。近年来，在国内外主办的许多国际服装节上，中国"风花雪月"概念的绣着各种花卉图案的传统旗袍、革新旗袍和花裙、花衫更盛极一时。

三、花文化渗透于饮食文化中

民以食为天。花卉文化深深渗进饮食领域,增食欲、添食兴、助消食、提食效。历朝历代的菜肴品系,不论是川粤鲁淮扬,还是八大菜系、十大菜系,都与花紧密相关。食之"三味",即香、色、味均离不开花。连许多名菜名点的称号,也都由花而得,梅花粥、桂花羹、莲子汤、菊花糕、茉莉豆腐、桂花黄鱼、芙蓉肉片、荷花虾仁、酱醋迎春花等,都是受大众欢迎的鲜花菜肴点心,有些已列入传统名菜。广州、重庆甚至都开出餐馆,专做"花卉大餐",可烹调出百余种风味各异、色香俱佳的花卉菜。主食之外,花卉还在许多"另类食品"中唱大角,譬如入药、制茶、酿酒。一贯主张"药食同源"的中医,早就发现了花卉在开胃、益智、悦色、健肤、润体等方面的作用。从《黄帝内经》到《本草纲目》,不少"花经"直接可读作"药经"。绝大多数花卉还可"合香入茶"或独立成茶。至于鲜花酿酒,在我国也有悠久的历史。两千三百年前大诗人屈原在《九歌》中就写了"蕙肴蒸兮兰藉,奠桂酒兮椒浆"的诗句。还有青梅酒、菊花酒、莲花酒、"上元酒",以及其他种种香酒、药酒,都以花为主要材料,各有功用,受人喜爱。此外,民间流行的"面花"也是一种花文化现象,值得我们挖掘。

四、花文化渗透于园林中

与花同住、美化生活也是中华民族的最古老的传统之一,别墅几乎就是花园住宅的代名词。史载,秦始皇"治离宫别馆,周遍天下",上林苑、阿房宫都是秦始皇的别馆之一,其都是大型的植物花卉的居住区。又有一种"剧哉边海民,寄身于草墅"的"墅",那是指小型的田庐村屋。两晋之时,稍有身份的士子大夫,就以置别墅、居苑囿为时尚生活。连在"淝水之战"秦兵65万大军压境这样关系国家生死存亡的关头,宰相谢安还与别人在他的"东山别墅"赌棋,"东山别墅"便是一座遍布繁花和竹林的花园住宅。再如陶渊明,"归去来"后虽然经常衣食不继,却也建了"东篱菊舍",写下了"采菊东篱下,悠然见南山"的名句。之后隋唐元明清,不管发达或是退隐,不论朝廷显官或是民间百姓,只要有条件,就必然要择花繁叶茂处居住:从王右丞辋川别业、辛弃疾鹅湖山庄,到近代各地城乡的私家花园,如已列入世界文化遗产的苏州园林、上海最早引放电影的徐家花园、李鸿章为小妾特辟的丁香花园、大资本家精心营造的席家花园、叶家花园等,鲁迅先生少时顽皮游戏的百草园。花前月下,梨园杏林,梅妻鹤子,兰朋莲友,在画栋雕梁的院落亭台、在蝶舞蝉鸣的通幽曲径里,人类朝花夕拾、对花成趣,不知生出了多少赏心乐事、故典新话。

造园家们还利用丰富的花卉资源和奇花异卉,创造了"雪香云蔚""海棠春坞""梨花伴月""曲水荷香""夜雨芭蕉""柳浪闻莺""杏花春馆""桃红柳绿"等众多花香鸟语的园林美景,使"鸢飞戾天者,'游园'息心;经纶世务者,'窥景'忘返"。

五、花文化扮靓古今美女

有一句成语,叫做"花容月貌",把美女容颜比作花,从另一面说明了花儿在增色扮美方面的作用。有道是"扬州自古多美色,三成美色七分妆"。明代《广陵竹枝词》里提到,当时扬州姑娘习俗头簪花、胸挂花、脸贴花。她们最喜欢的花是"紫薇白茉建兰香",色香俱全。其实姑娘把花插在鬓发之间扮美的早已有之,《木兰辞》中就有"对镜贴花黄"一句;而西施浣纱之余,对着河水往头上插花,竟美得连鱼儿都羡不思游——于是又生出了半句成语"沉鱼落雁"中的前半段。鲜花增美色,不仅有外部的美化,更有内在的功效。穷人家的姑娘发明了美容的穷办法:春采桃花、夏取荷花、秋摘芙蓉,阴干后,以冬雪煎之为汤,去渣取汁,保藏起来,然后以此洗面,去屑防皱,"使肌肤白里透红,美如芙蓉"。这方子流传下来了,叫做"三花除皱液"。

贵族妇女当然更讲究美容,但也要借助花的力量。有一古方,名"隋宫增白方",功用是"活血化瘀、祛斑增白、润肤悦色"。相传此方是隋炀帝杨广亲手所创,令后宫美人尽服此方,所以人人面细肤腻美白姣好。那么这方子的内容又是什么呢?原来不过是采集刚刚放苞的桃花,晾干后加上一些冬瓜仁,再加一点橘皮,一起研成细末,保管于瓷瓶,每餐饭后用温糯米酒送下,长年服用。

《红楼梦》中提到的"冷香丸"是将白牡丹花、白荷花、白芙蓉花、白梅花花蕊各十二两研末,并用同年雨水节令的雨、白露节令的露、霜降节令的霜、小雪节令的雪各十二钱加蜂蜜、白糖等调和,制作成龙眼大丸药,放入器皿中埋于花树根下。用时将黄柏十二分煎汤送服一丸即可。细读这"冷香丸"的配方,又是要遍采春、夏、秋、冬四季的白花之蕊,又是要尽集雨水、白露、霜降、小雪四时的雨、露、霜、雪,还要辅之以白糖、蜂蜜。服药的时候,用黄柏煎汤送下,乍一看,真叫人大感困惑。并且,上面提到的每一件东西,都还必须沾上"十二"字样。考"冷香丸"一方,医籍未见记载。即或曹雪芹杜撰之笔,但其处方遣药之意,颇有耐人寻味之处。

第二章 中国的花卉资源

第一节 中国花卉资源概况

地球上已发现的植物约 50 万种，其中近 1/6 具有观赏价值。植物在地球上的分布是不均匀的，有些地区特别丰富，如东南亚；有些地区则比较贫乏，如非洲干旱地区、北美洲。中国幅员辽阔，地跨寒、温、亚热带三个气候带，自然生态环境复杂，形成了极为丰富的植物种质资源。

一、中国花卉资源分布区域

中国是一个花卉资源十分丰富的国家，被誉为"世界园林之母""世界花卉宝库"，闻名全球的山茶花、杜鹃花、月季、牡丹、桂花、报春花等大多以中国为资源分布中心。中国既有热带花卉、温带花卉、寒温带花卉，又有高山花卉、岩生花卉、沼泽生花卉、水生花卉等，是许多名花异卉的故乡。其分布具有明显的区域特点。

1. 寒带区

寒带区为东北、西北、青藏高原。冬季严寒是限制分布的主要原因。

这一区域主要分布榆叶梅、丁香、牡丹、锦带花、黄刺梅、红玫瑰，宿根花卉中的亚洲百合、萱草、荷包牡丹、芍药等，以及针叶和阔叶树种红松、油松、樟子松、白桦等。

2. 温带区

温带区为华北、西北南部、华中北部、山东等地。

这一区域主要分布梅、桃、月季、蜡梅、菊花、三色堇、雏菊、紫罗兰等。

3. 亚热带地区

亚热带地区为长江流域、云贵地区等。

这一区域主要分布苏铁、山茶、桂花、栀子花、夹竹桃、含笑、杜鹃、矢车菊、金鱼草、报春花、中国兰花等。

4. 热带地区

热带地区为广东、广西、福建、海南、台湾，西南少数地区。

这一区域主要分布喜温花卉：茉莉、三角梅、白兰、瓜叶菊、非洲菊、蒲包花；耐热花卉：扶桑、红桑、变叶木、竹芋科、凤梨科、芭蕉科、棕榈科、仙人掌科、天南星科、胡椒科。

二、中国花卉资源调查

中国的花卉种质资源在20世纪70年代受到重视。中科院植物所、各地植物园及有关单位先后在所在地相似的较大地理范围内，开展了野生花卉的种类、分布、生境及观赏特性的调查研究，对各地资源现状有了较为清楚的了解。研究者们还进行了部分专类或专科、专属植物的资源调查：如攀援植物，兰科植物（浙江龙泉市、湖南、海南、华南、青藏高原、黔西北）、石斛（云南西双版纳、河南）、兜兰属，球根花卉的石蒜属、百合科（秦巴山区、江西、安徽）等，水生花卉（武汉、上海），高山花卉中的杜鹃花（云南、西藏、四川、黄山、湖南、浙江、青海）、苦苣苔（广西）等，虎耳草科，观赏蕨类（湖南、北京、江苏、福建西北部）及阴生观叶植物（西双版纳），毛茛科植物等。

（一）分区调查

周家琪、赵祥云、袁力等分别对陕西火地塘、太白山和秦巴山区等地进行了系统的野生花卉调查。其中太白山有珍稀特有观赏植物紫斑牡丹（*Paeonia papaveracea*），秦岭蔷薇（*Rosa tsinglingensis*），羽叶丁香（*Syringa pinnatifolia*），金背杜鹃（*Rhododendron clementinae* subsp. *aureodorsale*），秦岭龙胆（*Gentiana apiata*），美丽芍药（*P. mairei*）和太白乌头（*Aconitum taipeicum*）。杭州植物园从1981年至1983年对浙江省的野生花卉资源进行了调查，指出反映浙江省野生花卉资源比较集中而丰富的科是木兰科（*Magnoliaceae*）、蔷薇科（*Rosaceae*）、杜鹃花科（*Ericaceae*）、百合科（*Liliaceae*）和兰科（*Orchidaceae*）。此外，唐正良、车泉生、李根有、王金荣等分别对浙江海岛、西天目山、浙江泰顺和浙江武义的野生园林植物进行了报道。姚连芳、戴启全、田朝阳等分别对河南省的太行山区、大别山区和嵩山等地的野生花卉进行了调查。安徽省完成了黄山野生花卉资源及其开发利用的研究。江西主要在庐山进行了观赏植物资源多样性及开发利用的探索。武全安主编的《中国云南野生花卉》几乎囊括了云南省全部的主要野生花卉植物资源，收集云南野生花卉89科237属475种。徐凤翔等对西藏野生花卉资源分布及适应性作了探索。吴铁明等对湖南野生观赏植物资源进行了初探。王磊分析了新疆野生花卉资源及开发利用的前景。刘慧涛等对吉林省西部草原的观赏植物资源进行了研究。曹弘哲对宁夏野生观赏树木资源作了初步调查。贵州省亚热带作物研究所对所在地区的野生珍稀观赏植物资源作了探讨。还有丁一巨等对福建省将石自然保护区野生观赏植物资源的研究，包满珠等对鄂西南地区的观赏植物资源的初报和华南热作所对海南岛花卉资源的考察。

（二）专类调查

1. 兰科

兰科植物全世界约有 320 属 2 万种。中国有 166 属 1 000 多种，主要分布于长江流域及其以南地区。柳新红等报道了浙江龙泉市的兰花资源。华南热作所和海南省农科院对所在地区的兰花资源进行了调查采集。贺军辉对湖南的野生兰花资源进行了调查。祖晓勤收集整理了黔西北的野生兰花资源。据郎楷永报道，青藏高原有兰科植物 99 属 474 种及 9 变种，绝大多数是珍贵观赏资源，其中 176 种及 4 变种叶上表面具有不同色彩和斑纹，既可观花又可赏叶。高江云、高立献分别研究了云南西双版纳和河南省的石斛资源。王英张对国产野生兜兰属（$Paphiopedilum$）花卉种质资源的种类、地理分布及生态特点和生长习性进行了介绍。

2. 高山花卉

人们较为熟悉的高山花卉有杜鹃花（$Rhododendron$ spp.）、报春花（$Primula$ spp.）、龙胆（$Gentiana$ spp.）、苦苣苔（$Conandron$ spp.）、绿绒蒿（$Meconopsis$ spp.）和马先蒿（$Pedicularis$ spp.）等多种。

杜鹃花是世界名花，该属植物约有 900 余种，其中中国约有 530 种。除新疆和宁夏外，南北各地均有分布，尤以云南、西藏和四川种类最多，为杜鹃花属的世界分布中心。我国杜鹃花的种质资源调查工作开展较早，研究也较多。除冯国楣出版杜鹃花图册外，湖南省南岳树木园对该省杜鹃花资源进行了调查研究。黄山的杜鹃花资源也已初步摸清。丁炳扬等对浙江杜鹃花种质资源进行了研究。西藏色季拉山的杜鹃花资源得到更细致的探索。孙海群等对青海的杜鹃花种质资源及分布进行了报道。

苦苣苔科野生花卉许多种类耐阴，或花形奇特，色彩艳丽，或具有独特的株形，花叶观赏价值较高，近年来受到人们的重视。广西是我国苦苣苔科植物分布和特有中心之一，共计有 39 个属 159 种，其中特有属 6 个，特有种 66 种，其属数居全国第一。云南有 189 种，种数居全国第一。

报春花属是我国西部高山的名花。中科院华南植物所等对四川西部报春花属植物的分布及生态习性进行了调查。郑维列对西藏色季拉山报春花种质资源及其生境类型进行了研究。

3. 百合科

百合科拥有众多的野生观赏植物。赵祥云等初报了秦巴山区的野生百合资源。谢中稳等进行了安徽省百合科的野生观赏种质资源调查，根据观赏性状，初步筛选出 20 多种具有重要开发价值的野生资源。杨涤青介绍了江西省百合科园艺植物资源概况。

观赏蕨类及其他阴生观叶植物：据记载全世界有蕨类植物约 1.2 万余种。我国约有 2 600 多种，占世界总数的 1/5。近年来，蕨类植物以其奇特的叶形叶姿和特有的耐阴性风靡世界。我国在此领域的研究刚刚起步，对于丰富的野生资源的系统调查只有在个别省（区）进行。贺军辉等对湖南野生观赏蕨类资源及其栽培利用作了初探。湖南有观赏

第二章 中国的花卉资源

蕨类183种,隶属于41科75属,主要分布地湘西、湘西北以及湘南和湘西南地区。董丽等调查了北京地区野生蕨类资源及其生境,报道北京地区有野生蕨类20科30属77种4变种,其中观赏价值较高的有荚果蕨(*Matteuccia stuthiopteris*)、峨眉蕨(*Lunathyrium acrostichoides*)、香鳞毛蕨(*Dryopterris fragraus*)和东北蹄盖蕨(*Athyrium brecifrons*)等。黄启堂报道了福建西北部蕨类植物资源及观赏特性。任全进等对江苏蕨类植物资源进行了研究。张维柱等对西双版纳阴生观叶植物调查后指出,西双版纳有较高观赏价值的阴生观叶观花植物有22种,隶属14科,其中有特色的有裂叶秋海棠(*Begonia laciniata*)、厚叶秋海棠(*B. dryadis*)、刺通草(*Trevesia palmata*)、大叶崖角藤(*Rhaphidophora magaphylla*)和鹿角蕨(*Platycerium wallichii*)。

4. 水生观赏植物

倪学明等对武汉植物园水生植物区引种栽植的水生植物进行了调查研究,同时配合必要的野外调查,初步提出有观赏价值的水生植物64种。车泉生等对上海地区水生观赏植物资源调查,统计上海地区有水生高等植物50科92属180种,其中有栽培利用价值的42种。

5. 野生观果树种

观果树种是指果实形状或色泽具有较高观赏价值树木的总称,江苏、湖北、河北、浙江等地做过野生观果树种资源的调查。另外传统上许多野生果树既有观赏作用,又有果品价值,一直视为观赏树木。

第二节 中国花卉资源的特点与优势

中国地域辽阔,自然条件复杂,气候各异,为植物生长与繁衍创造了多种多样的生态条件,使中国成为花卉物种多样性和遗传多样性最为丰富的国家之一。人们通过引种、驯化、栽培及选种,培育出了丰富多彩的花卉新类型和新品种,特别是选育了一大批传统名花优良品种。这些品种不仅具有形态和姿态的多样性,也具有花期、花香、抗逆性等方面的多样性。

一、花卉栽培品种及类型

中国原产和栽培历史悠久的花卉,常具有变异广泛、类型丰富、品种多样的特点,如梅花枝条有直枝、垂枝和曲枝等变异,花有洒金、台阁、绿萼、朱砂、纯白、深粉等变异。在宋朝就已有杏梅类的栽培品种,以后形成的品种达到300多个,其品种类型丰富、姿态各异,在木本花卉中是很少见的。桃花在中国栽培有也有3 000多年的历史,有直枝桃、垂直桃、寿星桃、洒金桃、五宝桃、绯桃、碧桃、绛桃等多种类型和品种。

李属（Prunus）中的杏花等也有类似的变异类型和品种。又如中国凤仙花，清初有233个品种，有花大如碗，株高3米多的品种'一丈红'，有茉莉花芳香的'香桃'，有开金黄色花的品种'黄玉球'，有开绿花的品种'倒挂幺凤'，其优良品种及其类型极为少见，品质居于世界领先地位。中国的传统名花牡丹已有500个品种；菊花有3000多个品种，明清时菊花就10多个类型；月季、蔷薇、山茶、丁香、紫薇、芍药、杜鹃、蜡梅、桂花等更是丰富多彩、名品繁多，深受人们喜爱。

二、花卉遗传品质

较之世界其他国家的花卉而言，中国花卉资源有其独到之处，而这些独到之处正是欧洲及北美国家花卉资源中所缺少的，也是花卉栽培和育种家所期望的性状。这些性状既是重要的观赏性状，也是重要的经济性状。主要表现在以下几个方面：

1. 多季开花

多季开花的植物主要表现在一年四季或三季能开花不断。这是培育周年开花新品种的重要基因资源及难得的育种材料。四季开花的种类如月季花（*Rosa chinensis*）及其品种月月红、月月粉、月月紫、微球月季、小月季等；香水月季（*Rosa odarata*）及其品种彩晕香水月季、淡黄香水月季。这些种或品种在温度适合时，四季开花不断。除此之外，四季开花的还有米兰品种'四季米兰'（*Aglaia odorata* cv. Macrophylla）、桂花品种'四季桂'（*Osmanthus fragrans* cv. Everflorus）、四季报春（*Primula obconica*）、多季开花的有四季丁香（*Syringa microphylla*）、'四季玫瑰'（*Rosa rugosa* cv. Semperflora）、二乔玉兰的品种'常春二乔玉兰'（*Magnolia soulangeana* cv. Semperflorens）、石榴的品种'四季小石榴'（*Punica granatum* cv. Nana）以及金露梅、银露梅等。

2. 早花

早花类的植物多在冬季或早春较低温度条件下开花，这是一类培育低能耗花卉品种的重要基因资源与育种的材料，具有重要的经济价值。我国早春开花的有梅花（*Prunus mume*），从南方的11月下旬到长江中下游的2月中旬。其花粉可在0~2℃发芽，在6~8℃可完成授精过程。低温开花的花卉还有蜡梅（*Chimonanthus praecox*）、迎春（*Jasminum nudiflorum*）、山桃（*Prunus davidiana*）、瑞香（*Daphne odora*）、玉兰（*Maglnolia denudate*）、木兰（*Magnolia liliflora*）、蜡瓣花（*Corylopsis* spp.）、二月兰（*Orychophragmus violaceus*）、连翘（*Forthysia* spp.）、报春（*Primula*）、春兰（*Cymbidium goringii*）、寒兰（*C. kanran*）、墨兰（*C. sinense*）、冬樱花（*Prunus majestica*）、点地梅（*Androsace* spp.）等。

3. 黄色花多

黄色种类或品种是培育黄色花系列品种的重要基因来源。很多植物的科或属缺少黄色的种，因此这些黄色的种和品种被世界视为极为珍贵植物资源，而中国有着很多重要黄色基因资源。如中国金花茶（*Camellia chrysantha*）及其相关的 20 余个黄色的山茶花种类，1965 年在中国广西发现金花茶时曾轰动世界园艺界。现今存在的黄色山茶花品种'黄河'（*Camellia japonica* cv. Yellow River）就是从中国流入美国的。黄色的梅花黄香梅在我国宋代就已存在，是极为珍贵的品种，现在我国的安徽仍有黄色的梅花品种。牡丹品种'姚黄'（*Paeonia suffruticosa* cv. Yaohuang）在我国古代就已培育出来，并广泛应用于园林中。黄色的种类还有黄牡丹（*Paeonia lutea*）、大花黄牡丹（*Paeonia lutea* var. *ludlowii*）、蜡梅（*Chimonanthus praecox*）、黄色的'香水月季'（*Rosa odorata* cv. Ochroleu-sinenesis）、黄色的月季花（*R. chinensis*）以及黄花蜀葵和新培育的黄花玉兰等，这些黄色花卉的资源对我国乃至世界花卉新品种育种起到了重要作用。

4. 香花多

香花资源是现代花卉育种家十分重视的特种资源之一，中国花卉香花资源十分丰富，如梅花、蜡梅、瑞香、芫花、香水月季、玫瑰、桂花、米兰、牡丹、百合、兰属、丁香属、含笑属等。

5. 奇异类型多

由于中国花卉栽培的历史达到数千年，花卉遗传多样性极为丰富，奇异品种多，主要有：

（1）变色类品种：如月季品种"姣容三变"在我国 1 000 多年就已产生，该品种在一天之中有三种颜色的变化，从粉色白、粉红色至深红色。我国还有牡丹、茶花、木芙蓉、木槿、荷花、石榴、扶桑、蜀葵等变色品种。

（2）台阁类型品种：这类品种是花芽分化时产生的特殊变异类型，形成一花之中又完全包含一朵花的特征，形似亭台在花的中央。这类品种在梅花中较为丰富，比较著名的有绿萼台阁、台阁宫粉等。同样，牡丹、芍药、桃花、麦李等也有大量台阁品种。

（3）自然龙游品种：此类品种枝条自然曲枝，我国此类观赏植物有龙游梅（*Prunus mume* cv. Totorum）、龙游桃、龙游山桃、龙游桑、龙游槐等。

（4）枝条自然下垂的品种：如垂枝梅、垂枝桃、垂枝榆、垂枝椴、垂枝槐等。

（5）微型与巨型种类与品种：微型的类型如微型月季、微球月季，小月季等株高仅 10 ~ 20 cm，四季开花、花开繁密，此类品种是现代微型月季品种群的主要亲本。荷花中的碗莲株高仅 20 cm 左右，在一只普通的小碗中就能开花，是我国荷花中的珍品。此外还有微型杜鹃等种类和品种。高大植物如巨花蔷薇（*Rosa gigantea*），其藤蔓长可达 25 米，花径 12 cm 左右，又如大树杜鹃，株高达 20 多米，干茎达 150 cm 等，这些种类和品种在现代月季和杜鹃品种群形成过程起到了重要作用。

（6）抗性强的种类和品种：中国原产的很多花卉具有抗寒、抗旱、抗病、耐热、耐盐碱、适应性强等特性，这些种类对世界植物的育种及栽培起到了重要作用。中国西藏原产及分布的光核桃（*Prunus mira*）具有花期晚、抗性强的特点，用它与美国的杏进行杂交能提高普通杏的抗性并能延期开花，使美国栽培的杏能避免晚霜的危害，避免了经济损失。中国原产的山杏、山桃等均具有很强的抗寒性，用其与梅花进行远缘杂交育种，

培育的杂交新品种提高了抗寒性，使其在西北地区、华北地区均能正常越冬而无冻害。中国原产的紫薇（*Lagerstroemia indica*）具有抗寒、抗白粉病和抗空气污染的能力，在中国的栽培分布北至华北地区，就是此属中最为耐寒的种类。玫瑰（*Rosa rugosa*）既是一种观赏植物，又是一种芳香植物，同时也是很重要的水土保持植物，具有极强的抗寒、抗旱、耐湿及保持水土的能力。山茶花在中国最北能分布到山东的青岛，是山茶属中最抗寒的种类，这对于山茶的育种、扩大栽培分布区具有重要意义。抗寒性强的花卉种类还有一些如野生菊花、野生蔷薇、百合等，很多还未引种和开发。

第三节　中国是世界"园林之母"

一、"园林之母"称号的由来

中国是世界"园林之母"，这是英国植物学家威尔逊（E. H. Wilson）首先提出的。威尔逊曾在长达11年里，多次到我国采集野生植物。1929年，他著书总结在华的发现和收获，书名《中国，园林的母亲》（*China，Mother of Gardens*），此书在美国出版后，我国即以"世界园林之母"和"全球花卉王国"之称号闻名世界。这位著名植物学家的贡献有三：他远赴中国山野，发现了极为丰富的树木花草新种；由他直接或间接从中国引种、繁殖、推广、应用的植物达1000种以上；提倡、推广部分新种作为树木花草新品种选育中的关键性杂交亲本，收效显著。如由他发现、采掘鳞茎、定名发表并扩大推广的岷江百合。这是一种优美的百合，更是全球百合育种不可或缺的关键性杂交亲本。

今天，在我们这个被称为"园林之母"的国度里，在威尔逊的《中国，园林的母亲》出版八十多年之后，很多中国同胞，不知道祖国是"世界园林之母"和"花卉王国"，曾对世界花卉与园林做出过卓越的贡献。洋花洋草充斥我国的花卉市场，在各类园林和室内装饰植物中，占据着重要地位。

威尔逊在《中国，园林的母亲》一书所写"自序"中高度评价我国的花卉："中国的确是'园林的母亲'。对我们这些国家的园林而言，实在是深切地受惠于她。从早春怒放的连翘和玉兰，到夏天的芍药、牡丹、蔷薇、月季，乃至秋天的菊花，中国对园林宝库的奉献实在突出。（世界）花卉爱好者十分感激中国所提供的现代月季（modern rose）之杂交亲本……在美国和欧洲各国的公私园林中，没有一处未种中国代表性植物——包括最好的乔木、灌木、草本植物和藤本。"

二、国外科学家的探索

中国和印度拥有众多财富的传闻传到了欧洲，激发了一些人希望与之共享的愿望。这就是航海者亨利王子（Prince Henry）于1418年始创远航新纪元的主要动机，而其成果之一则是哥伦布发现了美洲。1516年，葡萄牙人由海路到达中国，并将甜橙带到他

第二章 中国的花卉资源

们在印度的定居点，然后再把它引种至葡萄牙。当英国和荷兰的东印度公司分别于 1600 年和 1602 年成立后，定期航班开通了，中国栽培的更多有用的和美观的植物。通过这一途径，被引到了欧洲。在 18 世纪末至 19 世纪初，一些专业的植物采集者被源源派往中国。其中，罗伯特·福琼（Robert Fortune）运回了 190 种观赏植物，其中的很多种类至今在欧洲园林中广为栽培。福琼搜集的所有植物，几乎都出自中国的花园。自此之后，人们几乎再未发现中华园林中还有什么新的植物种类。这表明福琼及其先行者的发现几乎已囊括了这一领域内的所有新资源。至 1870 年，查尔斯·马里斯（Charles Maries）为了达成英国维奇公司所希望的目标，沿长江而上到了宜昌，在那儿采集到鄂报春（四季报春，*Primula obconica*）。在他转向上海途中，他在江西庐山的牯岭采集到檵木（*Loropetalum chinense*）种子和它的近缘植物金缕梅（*Hamamelis mollis*）。

早在 1869 年，佩里·阿曼德·戴维（Pére Armand David）进入四川西部的森林，采集了很多异乎寻常的植物，并将蜡叶标本寄回巴黎植物标本馆。1882 年，佩里·J. M. 达莱维（Pére J. M. Delavay）开始采集云南西部的植物，并工作到 1895 年。从 1885 至 1889 年，A. 亨利（A. Henry）着手研究湖北西部植物。自 1890 至 1907 年，珀尔·P. 法格斯（Pére P. Farges）在四川东北部开展植物采集工作。此外，还有几位俄国人的成果。有了这些工作积累，便使巴黎、圣彼得堡和伦敦的植物标本馆由于新颖绝妙的观赏植物标本而面貌一新。不过，这些采集家几乎全是对中国植被感兴趣的纯植物学者，他们很少采收种子。事实上，仅达莱维和法格斯采了些种子给法国的威摩林（M. Maurice de Vilmorin），引种中国植物到了欧洲。

威尔逊在 1899 年首次来到中国，最后一次是 1911 年。他代表哈佛大学阿诺德树木园到中国工作。他的成果是让 1 000 种以上全新植物在欧美园林中应用、扎根。他认为一个有数千年文明、人口稠密，以经营农业为主的国家，应当在 20 世纪以其世界上最丰富的温带植物区系而自豪。很难想象中国竟拥有如此丰富的花卉资源。

此外，还有美国植物学家、人类学家、纳西文化研究家约瑟夫·洛克（Joseph Rock，1884—1962），他 1922—1924 年第一次到中国，由曼谷到丽江，进入四川西南角木里，途经纳西、彝、藏地区。回国时，携走八万件植物标本以及文物文献。1924—1932 年到川、甘、滇以及青海等地区。三次在岷山和阿尼玛卿山之间山谷河谷地带拍摄资源照片，测绘地形地图，搜集实物标本以及文物资料。"植物猎人"洛克从 1922 年到 1949 年，在中国云南、四川、甘肃东南以及西藏东部度过了漫长的探险考察岁月，对当地植物群落、人文风俗等多个方面进行了深入考察，并将多种植物标本带回西方，今天位于波士顿南部的阿诺德植物园保留了许多这一时期采集的植物标本。

以上科学家通过长期的采集、观察和深入研究，对世界作出了巨大的贡献，正如威尔逊在序言中所言："让 1 000 种以上全新植物在欧美园林中应用、扎根。"——这是我国对世界园林实实在在的贡献，也是国外科学家不屈不挠探索精神的体现。我国现在很需要威尔逊这样的人及其工作精神，正是威尔逊发现并将我们可爱的祖国命名为"园林之母"和"花卉王国"。我们要以不懈的努力，从被发现的、以被动提供丰富花卉新种质资源为主的"园林之母"和"花卉王国"，成为主动保护利用种质资源，并向世界源源不断地提供新花卉和新奇园艺植物的生产大国，使中华名花开遍中华、香飘世界。

第三章 赏花基础知识

第一节 花卉分类

花卉的分类方法很多，除了植物学系统分类法之外，根据生产栽培、观赏应用等方面的需要，又有以下多种分类方法。

一、根据花卉生长习性及形态特征分类

根据花卉生长习性及形态特征一般可将花卉分为草本花卉、木本花卉、多肉花卉和水生花卉。茎干质地柔软的谓之草本花卉，按其生长发育周期等的不同，又可分为一年生、二年生草花，宿根花卉，球根花卉以及草坪植物等。茎干木质坚硬的谓之木本花卉，按其树干高低和树冠大小等的不同，又可分为乔木、灌木及藤本花卉。多肉花卉，具有肉质肥厚的茎叶，体内贮存丰富的水分，有的叶片退化成针刺或羽毛状，形态奇特，因此在园艺栽培中自成一类。水生花卉，终年生长在水中、沼泽地带，大多数属于多年生植物。

二、按自然分布分类

按自然分布可分为热带花卉、温带花卉、寒带花卉、高山花卉、水生花卉、岩生花卉、沙漠花卉，这种分类法能反映出各种花卉的习性和在栽培时需要满足其生长发育的条件。

三、按用途分类

根据用途分，可将花卉分为切花花卉（如香石竹、马蹄莲等）、室内花卉（如君子兰、龟背竹等）、庭院花卉（如月季、菊花等）、花坛花卉、盆栽花卉、药用花卉（如牡丹、金银花等）、香料花卉（如白兰、茉莉、玫瑰等）以及食用花卉（百合、金针菜、石榴）等。

四、依观赏部位分类

根据观赏部位可将花卉分为，观花类（以观赏花色、花形为主，如菊花、月季等）、观叶类（以观赏叶色、叶形为主，如变叶木、花叶芋等）、观果类（以观赏果实为主，如金橘等）、观茎类（以观赏枝茎为主，如光棍树、山影拳等）和观芽类（以观赏芽为

主，如银柳）。

五、按自然开花季节分类

按自然季节可分为春季花卉、夏季花卉、秋季花卉、冬季花卉等。

1. 春季花卉

春季花卉指 2~4 月期间盛开的花卉。如水仙，花朵秀丽，叶片青翠，花香扑鼻，清秀典雅，已成为世界上有名的冬季室内和花园里陈设的花卉之一。

2. 夏季花卉

夏季花卉指 5~7 月期间盛开的花卉。如芍药，在园林中常成片种植，花开时十分壮观，是近代公园中或花坛上的主要花卉。或沿着小径、路旁作带形栽植，或在林地边缘栽培，并配以矮生、匍匐性花卉。有时单株或二三株栽植以欣赏其特殊品型花色。芍药又是重要的切花，或插瓶，或作花篮。

3. 秋季花卉

秋季花卉指在 8~10 月期间盛开的花卉。如一串红，常用作花坛、花境的主体材料，在北方地区常作盆栽观赏。

4. 冬季花卉

冬季花卉指在 11 月至翌年 1 月期间开花的花卉。如报春花，是国际上十分畅销的冬季盆花，用它布置室内或室外景观，花繁似锦，娇媚动人。

第二节　赏花技巧

人们欣赏花，不仅仅欣赏它的色、香、姿等自然美，更是综合自己对花的感受，赋予它一种风度、品格。自古就有"不清花韵，难入高雅境界"之说，人们现在赏花，更是神重于形。好兰者，好其高雅脱俗；好菊者，好其独立寒秋；好荷者，好其出淤泥而不染；好梅者，好其临寒斗雪。

中国古代赏花大有讲究："茗赏者上也，谈赏者次也，酒赏者下也。"古人不仅动用视觉器官，还调动嗅觉、味觉、听觉等感官器官，并进而达到一种"澄怀味象"的全身心的审美享受，因而还有茗赏、酒赏、琴赏、诗赏、香赏等种种讲究。此外，古代赏花特别重视"应时而赏"，因而有"良辰、美景、赏心、乐事"之说。

唐代诗人齐己有《早梅》一诗："万木冻欲折，孤根暖独回。前村深雪里，昨夜一枝开。风递幽香出，禽窥素艳来。明年如应律，先发望春台。"雪中"一枝开"点出了梅的不凡神韵，从色香着手写梅的幽姿雅韵，有"递""窥"二字传神。李商隐《花下

醉》中"寻芳不觉醉流霞,倚树沉眠日已斜。客散酒醒深夜后,更持红烛赏残花。"表现了诗人对花爱怜备至,以至于陶醉其中。"流霞"也称美酒,但在这里也可以理解成诗人因沉迷花事而增添了醉意。宋代诗人苏轼在风雾烛月中欣赏海棠的风姿:"东风袅袅泛崇光,香雾空蒙月转廊。只恐夜深花睡去,故烧高烛照红妆。"苏轼把海棠比作月下美人,描绘了海棠花的娇媚。徐凝为牡丹写下诗句:"何人不爱牡丹花,占断城中好物华。疑是洛川女神作,千姿百态破朝霞。"以此来推崇牡丹华贵的仪态。唐代诗人白居易在《买花》中形容人人争相购牡丹的画面:"家家习以俗,人人迷不悟。"描写洛阳牡丹人人喜爱,深入千家万户。古人赏花赞花的诗句,令人心醉神迷并长传后世。

现代人赏花爱花之心不亚于前人,歌曲《红梅赞》,秦牧笔下的《十里花街》,朱自清的《荷塘月色》都表达出现代人的爱花情趣。随着人们生活水平的提高,人们爱花赏花的情趣日益上升,在各大城市有形式各异的花事活动,前去赏花买花的人络绎不绝,哪里有花哪里就充满生机。面对同一种花各人有不一样的感受。有人将春天的桃花作为青春的象征:"春天来了,桃花突然闯过来,粉的,白的,还有血一样红的颜色。它们唱啊,笑啊,舒展着身子,千万张脸就是千娇百媚。"他们把春天里争先恐后开放的桃花比作势不可挡的青春。也有人觉得他们性格太急,把它们比作爱出风头的人。还有人认为绽放的桃花是一种勇敢的美,花儿落了还有叶子,拼尽了娇嫩,留下来的是果子,这是自然界日趋成熟的过程。牡丹、玫瑰、郁金香、荷花、兰花、水仙、菊花美得各有不同,有的矜持,有的柔弱,有的高贵,有的娇艳,有的"清露风愁",有的"艳冠群芳"是花中贵族,它们含蓄、典雅令人神往,让人回味无穷。现代人有"触目横斜千万条,赏心只有两三枝"的高雅情趣,渴望生活在姹紫嫣红的花海之中,把花作为生活中不可缺少的一部分。

一、赏花审美四要素

"色、香、姿、韵"是花卉审美的四要素,即赏花主要看花的色、香、姿、韵四个方面。

1. 色

色彩,是花卉美的重要组成部分。花卉的美,主要取决于外表的颜色。有人认为色彩过于强烈,会令人厌恶;色彩过于繁杂,会令人眼花缭乱;色彩过于单调,会令人索然寡味。又认为冷色会使人感到幽静或哀思在有悼念的日子或地方,多选用冷色的花,表示追念与凝思;暖色会使人感到热烈、活泼,所以节日喜庆,人们多选用暖色的花,表示感情浓烈、富贵吉祥。颜色的调和与互补,是美学的一部分,一般花色的美,会使人感觉精神愉快。如果美能诱发魅力,高尚的人则会品味不休,诗人、画家则会引发歌颂与赞美,用绚丽的诗、词和墨迹,留下韵味十足的佳作。

我们生活在五彩缤纷的色彩世界里:在宁静的绿色王国中,那鲜红的玫瑰、黄色的菊花、血红的杜鹃、洁白的玉兰、金黄的茶花、火红的石榴,还有那娇如粉面的桃花、

第三章 赏花基础知识

灿若明霞的紫薇、万紫千红的月季、繁星点点的霞草……组成了一幅璀璨夺目、绚丽多彩的大自然图画。在花卉的审美要素中，色彩给人的美感最直接、最强烈，因而能给人以最难忘的印象。

对整个植株来说，花朵是色彩审美的主要对象。不但普通的花卉爱好者在看到新的花卉种类后最先关心的是"它开的花好不好看"，就是那些具有文心诗眼的人们也都倾倒于花朵的色彩美，一直在用人类最美好的语言、用诗歌对它进行赞美，留下了许多千古佳咏。刘禹锡诗："桃红李白皆夸好，须得垂杨相发挥"，说桃、李的色彩；杨万里诗："谷深梅盛一万株，千顷雪波浮欲涨"，说梅花的色彩雪一样洁白；范成大诗："雾雨胭脂照松竹，江南春风一枝足"，又说岭上梅花红如胭脂；林逋诗："蓓蕾枝梢血点乾，粉红腮颊露春寒"，说杏花色似红靥；李商隐诗："花入金盆叶作尘，惟有绿荷红菡萏"，则说荷花的叶绿花红……此外，还有石榴的火红，秋菊的鲜黄，梨花的洁白，几乎所有名花的色彩，都有许多赞美诗。不同的花卉种类具有不同的色彩，就是同一种花内的不同品种，其色的变化也足以构成一个"万紫千红"的世界。无论是具有一万多个品种的月季花，还是具有数千个品种的菊花，只要你光临纯月季花展或是纯菊花展，就能领略月季王国的色彩绚丽，或是菊花天地的五彩缤纷。即使同一品种，有的花瓣上还镶着金边、银边，有的同一花朵上嵌有不同的彩纹，这使得鹤望兰、美人蕉、菊花、月季、梅花、桃花、山茶等花卉中的一些品种显得格外美丽。另有清晨开白花、中午转桃红、傍晚变深红的"醉芙蓉"；以及初开时为淡玫瑰红色或黄白色，后变为深红色的海仙花等。这些同一花朵在不同时间变换不同花色的品种，堪称不同凡响的仙花。可以说，花朵的色彩是大自然中最为丰富的色彩，可以囊括色相环中的每一种颜色。

"一年好景君须记，正是橙黄橘绿时。"我们的古人在领略花、叶色彩美的同时，倒没有忘记果实的色彩。那累累硕果既具很高的食用价值，又有突出的美化作用，特别是那果实的颜色，有着更高的观赏价值。例如，果实红色的火棘、荚蒾、琼花、樱桃、山楂、冬青、枸骨、枸杞、橘、柿、石榴、南天竹、珊瑚树等；果实黄色的银杏、木瓜、甜橙、佛手、金柑等；果实蓝紫色的女贞、沿阶草、葡萄、十大功劳等；以及果实为白色的红瑞木、雪果等，不胜枚举。

2. 香

花色花姿之美，是视力的传导，而花香则是嗅觉的感受，飘香受风的传播，不受丘陵、溪川之阻，不见花身而能觅得花踪。书载瑞香花，缘由庐山一道士打坐深山，因香刺鼻而乱神，乃循香踪觅得此花，取其吉祥如意之兆名曰瑞香。

历代文人墨客都有脍炙人口的赞美花香的诗句，如宋代卢梅坡有"梅须逊雪三分白，雪却输梅一段香"；宋代林逋有"疏影横斜水清浅，暗香浮动月黄昏"；宋代陆游有"无意苦争春，一任群芳妒。零落成泥碾作尘，只有香如故"。

花卉的香味美包括"香"与"味"两个方面。它们往往难以言传，却给人如梦似醉的美感。"由茉莉那种强烈而显著的香味到紫丁香那种温和的香味，最后到中国兰花那种洁净而微妙的香味。香味越微妙，越不易辨出是什么花，便越加高贵。"

在中国的花卉中，最受大众喜爱的花要数桂花了。它虽没有硕大的花朵或鲜艳的色彩，自古至今却一直是我国人民公认的传统名花。究其原因，就在于桂花盛开时节，金粟万点，飘香溢芳。看花闻香，悦目怡情，给赏花者带来不尽的嗅觉美。"疑是广寒宫里种，一秋三度送天香"；"亭亭岩下桂，晚岁独芬芳"；"幽桂有芳根，青桂隐遥月"。纵观历代诗人的咏桂佳句，大多盛赞桂花的"天香"或"芬芳"。

乖小洁白的茉莉花，也以其馨香赢得众人的喜爱，仲夏夜里，香味伴随着月光流泻飘忽，宛若舒伯特的小夜曲，沁人心脾，妙不可言。在香水没有引进之前，茉莉花一直是中国妇女的宠物：早晨梳妆既罢，便摘几朵沾露的茉莉插于发上；到了黄昏纳凉之时，又把茉莉花插在两鬓或佩在襟前，所谓"茉莉新堆两鬓鸦"；再加上床上挂的，案几上摆的，香随人转，朝夕萦绕，提神醒脑，炎暑顿消。难怪有人要说："一卉能熏一室香。"

象征富贵吉祥繁荣昌盛的瑞香花，显得更加优雅高尚，它盛开的时候刚好在元旦和春节之间，只要有一盆安置在厅堂之上，便可使满室生香。因此，它赢得了诸多芳名，如"瑞兰""野梦花""夺香花""千里香"等，宋代《清异录》则称其为"睡香"和"瑞香"。缘其蕴含有瑞气生香、新春吉祥之意，因此，称其"瑞香"是最为恰切不过了。

在众香国里，最受文人雅士推崇的要数兰花的幽香了，清雅、醇正、袭远、持久，号称"香祖""王者之香"。人们在研究兰香散发的特点时了解到，它一不定时，二不定量，三不定向，像"幽香""兰香不可近闻"，妙就妙在若有若无，似远忽近之间。"坐久不知香在室，推窗时有蝶飞来"（元·余同麓《咏兰》），正是说明了兰香的这一特色。

不少花卉种类不仅开放芬芳的花朵，还会结出甜美的果实。直接品味，无疑有味觉之美；望梅便可生津止渴，不是同样也使人产生一种甜酸隽永的美感吗？白玉兰的花瓣，肥厚洁白，若蘸些面浆，油炸成"玉兰片"，即是香甜可口的美味佳品。还有菊花、兰花、玫瑰、茉莉、槐花、金银花、桂花、桃花、荷花、米兰等许多花卉，均可制成饮料、甜食、菜肴等各式各样的美味食品，香甜可口，营养丰富，给人以别具一格的味觉享受美。

3. 姿

花朵开放得鲜艳夺目，香气浓郁，固然令人赞美，但"花开有时，花落无期"乃自然规律。而花卉的姿态却持久而又与季节无关，所以古人说："花以形势为第一，得其形势，自然生动活泼。"（清·松年《颐园论画》）。此语虽是论画中花卉，可对于自然花卉的审美来说，亦同样适用。花姿不但包括花朵，还要品味它的枝干、叶片、果实以及树姿，更要细观生长、发育之中各种器官有趣的变化。这些细微的、变幻的动态，虽不及动物不停的动作，但同样具有活性，这也是花卉享有四季繁荣、兴衰与没落的动态美。花卉纵有丽色馨香，而无妍姿美态，便少风韵神致；若姿态美妙，娉婷阿娜，纵少色香，其韵也自生。花卉的千姿百态，有立、卧、俯、仰、偎、依，在意念中的美又有端庄、轻盈、凝重、潇洒、飘逸之别。

还有似亭亭华盖的龙爪槐、卵圆形的球桧、圆锥形的雪松、柱形的铅笔柏、匍匐形的铺地柏，以及独特的棕榈形、芭蕉形等，不同的树种乃至品种都有不同的树形。草本花卉的株形就更为秀美了，除了吊兰，文竹，虞美人的体态也惹人喜爱。

花木的叶片形态更是千变万化，难以言状。仅以其大小而论，大者如巴西棕榈的叶片，长度可达 20 米以上，小者如柽柳、侧柏等的鳞叶，仅长几毫米。可以说，在自然界找不到两片完全相同的叶子。而且，有些花木的叶形还相当奇特，如洒金榕的叶形就千变万化，有似狮耳的广叶种，像鸭脚的戟形种，如牛舌的长叶种，似蜂腰的飞叶种等，故而又称"变叶木"。蓬莱蕉的叶孔裂，极像龟背，因而亦叫"龟背竹"。它们都是观赏价值很高的植物。

花、果的形状更为奇特，如鹤望兰的花形，橙黄的花萼、深蓝的花瓣、洁白的柱头、红紫的总苞，整个花序宛似仙鹤的头部，因而得名鹤望兰，又称极乐鸟；珙桐花序下的两片白色大苞片，宛似白鸽展翅，花盛开时，犹如满树群鸽栖息，被称为"中国鸽子树"；琼花的花序由两种花组成，中间为两性小花，周围是八朵大型的白色不孕花，盛花之际，微风轻拂，似群蝶戏珠，仙姿绰约；仙客来的花瓣反卷似兔耳；拖鞋兰的花瓣形似拖鞋；荷苞花的花冠状如荷苞；虾夷花的花冠酷似龙虾等。还有花木的果实形状，如佛手的果实或裂纹如拳形，或裂开呈指状；槐树的果实如佛珠成串；秤锤树的果实似秤锤下垂；文旦的果实硕大无比，均非常美丽。

面对花卉的千姿百态，古人留下了深深的赞美诗："老龙半夜飞天下，蜿蜒斜立瑶阶里。玉鳞万点一齐开，凝云不流月如水。""翠盖佳人临水立，檀粉不匀香汗湿。一阵风来碧浪翻，珍珠零落难收拾。"诗人笔下这形式万千的花姿美，令人回味无穷。

4. 韵

园林植物的风韵美，又叫内容美、象征美，是除色彩美和形态美之外的一种抽象美。风韵美是花卉自然属性美的凝聚和升华，它体现了花卉的精神、气质，比起花卉纯自然的美，更具美学意义。它是由于植物在生态上或形态上的某一特征，而在人们的心灵中引起的某种联想和共鸣，继而上升为某种概念上的象征，甚至人格化的一种抽象美。在不同的民族和地区、不同的文化和传统的人民中间，由于植物引起人们情感的不同，造成了不同的风韵美。

花卉的色彩美、香味美、姿态美，这三者其实都是指花卉的自然属性之美——纯自然的美，而风韵美是人"外射"到花卉身上的主观情感——自然意态之美。赏花者只有欣赏到了这一风韵美，才算真正感受到了花卉之美。因为，自古以来，在千姿百态的花木上，人们赋予花以各种各样的精神意义，使花卉的风韵美具有许多丰富而深邃的内涵。被誉为"中国十大传统名花"的荷花，人们不仅赞赏它皎洁清丽的自然姿态，更歌颂它"出淤泥而不染，濯清涟而不妖"的高尚品格，而赋予它清白、纯洁的象征意义。

松枝傲骨铮铮，柏树庄重肃穆，且都四季常青，历严冬而衰。《论语》赞曰："岁寒然后知松柏之凋也。"因此，在文艺作品中，常以松柏象征坚贞不屈的英雄气概；竹子坚挺潇洒，节间刚直，它"未出土时便有节，及凌云处更虚心"。因此，古人常以"玉可碎而不改其白，竹可焚而不毁其节"来比喻人的气节，宋代大文豪苏东坡甚至到了"宁可食无肉，不可居无竹"的地步；梅，枝干苍劲挺秀，宁折不弯，它在冰中孕蕾，雪里开花，傲霜迎雪，屹然挺立。因此，古人称松竹梅为"岁寒三友"，推崇其顽强的品格和刚直不阿的精神。

此外，人们还常以菊花表示清高，牡丹象征荣华富贵。棠棣比喻兄弟，兰花表示高尚。木棉表示英雄，桃花形容淑女。含羞草表示知耻，凌霄花表示人贵自立，而三国时

的嵇康则在《养生论》中说:"合欢蠲忿,萱草忘忧。"但"风吹白杨叶飒飒",会增添人们的愁思,古人诗曰:"白杨多悲风,萧萧愁杀人!"

可见,不同的花卉有不同的风采,而因花撩起的缕缕情思,又使景物进入了诗画的境界。这样,在赏花时,把外形与气质结合起来,突出了花的神态和风韵,大大增强了它的艺术魅力。在此,花卉已不再是没有任何意念的自然之物,而是隐喻着人之品格、人之精神、人之情感、人之愿望。在大自然中最美丽的生命之花,是花与人、物与心的嵌合。

总之,丰富多彩的花木,蕴含着丰富多彩的情感,表述了无限的象征意义。对此古人有过惟妙惟肖的描绘:梅标清骨,兰挺幽芳,茶呈雅韵,李谢浓妆。杏娇疏雨,菊傲严霜,紫薇和睦,红豆相思,水仙冰肌玉骨,牡丹国色天香,玉树亭亭阶砌,金莲冉冉池塘,丹桂飘香月窟,芙蓉冷艳寒江。人爱花,各有所爱。历史上的诗人,如林和靖爱梅,陶渊明爱菊,周敦颐爱莲,郑板桥爱竹,各有所取,已成古今佳话。他们赏花统一的鉴赏则在于花木的"气节":梅花的迎雪开花,菊花的傲霜屹立,莲花的出淤泥而不染,竹无花但有节,发人深省,韵味千古,这也是我国"花文化"之精髓。

二、赏花实例

(一)梅花

中国人爱梅,梅开五瓣,象征着寿富康宁德,"折得疏梅香满袖,暗喜春红依旧。"是古人折梅寄春,对美好一年的祝愿和期盼;而梅花的高洁、典雅、冷峭、坚贞,素来受文人雅士的喜爱,赏梅咏梅画梅的风气由来已久,林逋的"梅妻鹤子"也传为一段佳话。不论是王冕《白梅》的冰清傲骨,毛泽东《卜算子·咏梅》的"俏",还是金农"只有老夫贪午睡,梅花开后不开门"的闲适慵懒,梅的万种风情,让人乐而不厌。品赏梅花一般着眼于色、香、形、韵、时等方面。

1. 色

梅花的花色有紫红、粉红、淡黄、淡墨、纯白等多种颜色。红梅,花形极美,花香浓郁;绿萼,花白色,萼片绿色,重瓣雪白,香味袭人;紫梅,重瓣紫色,淡香;骨里红,色深红重瓣,凋谢时色亦不淡,树质似红木;玉蝶,花白略带轻红,有单重瓣之分,轻柔素雅。成片栽植上万株梅花,疏枝缀玉缤纷怒放,有的艳如朝霞,有的白似瑞雪,有的绿如碧玉,形成梅海凝云,云蒸霞蔚的壮观景象。

2. 香

梅花香味别具神韵,清逸幽雅,被历代文人墨客称为暗香。"着意寻香不肯香,香在无寻处",让人难以捕捉却又时时沁人肺腑、催人欲醉。探梅时节,徜徉在花丛之中微风阵阵掠过梅林,犹如浸身香海,通体蕴香。

3. 形

古人认为"梅以形势为第一",即形态和姿势。形态有俯、仰、侧、卧、依、盼等,姿势分直立、屈曲、歪斜。以曲为美,直则无姿;以斜为美,正则无景;以疏为美,密则无态。

梅花树皮漆黑而多糙纹,其枝虬曲苍劲嶙峋、风韵洒落,有一种饱经沧桑,威武不屈的阳刚之美。梅花枝条清癯、明晰、色彩和谐,或曲如游龙,或披靡而下,多变而有规律,呈现出一种很强的力度和线索的韵律感。

4. 韵

宋代诗人范成大在《梅谱》中说:"梅以韵胜,以格高,故以横斜疏瘦与老枝怪石着为贵。"所以在诗人、画家的笔下,梅花的形态总离不开横、斜、疏、瘦四个字。今天,人们观赏梅韵的标准,则以贵稀不贵密,贵老不贵嫩,贵瘦不贵肥,贵含不贵开,谓之"梅韵四贵"。

5. 时

探梅赏梅须及时。过早,含苞未放;迟了落英缤纷。古人认为"花是将开未开好",即以梅花含苞欲放之时为佳,故名"探梅"。梅花以"惊蛰"为候,一般以惊蛰前后10天为春梅探赏的最佳时机。开花期也因我国南北气候不同而异,广东12月至1月,沪宁2月至3月,北京3月至4月。

除此之外,观赏梅花的环境也十分的讲究,据《梅品》曰:在淡云、晓日、薄寒、细雨、轻烟、夕阳、微雪、晚霞、清溪、小桥、竹边、松下、明窗、疏篱、林间吹笛、膝下横琴等情况下,对梅的欣赏更富有诗情画意。

(二)国兰

我国是兰花的发源地,栽培历史悠久,因它株形典雅、花姿优美、叶态脱俗、幽香四溢,故古代诗人画家多为之吟咏挥毫。自古以来对国兰的欣赏是重其高洁的品质,随着历史的发展,品种增多,时代不同,人们的品位也有了变化。

1. 香气

兰花散发的幽香清纯怡人、似有若无、忽近忽远、缥缈神秘,是任何花香都无法比拟的。古人描写芝兰之室如:"坐久不知香在室,推窗时有蝶飞来""清风摇翠环,凉露滴苍玉,美人胡不纫,幽香蔼空谷。"正是对兰花花香的记载。兰香是评估和鉴定兰花品种优劣的重要条件之一。兰花有香味优于无香味,香味有浓有淡:清香优于异香和淡香;浓清香及浓香较清香佳;香气持久者较短暂的好;无香者劣。兰香浓淡与品种及植株强弱及日照长短等有关,栽培在光照充足、温度较高的环境条件下则花香浓,反之则淡。兰香,是来自兰花蕊柱内芳香油酯腺体分泌出来的挥发油。其主要化学成分是有机物的酯类及内酯类,及萜类的烯醇、烯醛酮类等的混合物,这些挥发性物质使兰花具有香气和芬芳。其散发不定时，不定向，不定量，所以让人感到神秘莫测。不同的兰花香味各异，春兰、春剑、莲瓣偏似米兰香；建兰偏似玉兰香；寒兰偏似桂花香；墨兰偏似檀香。有的兰花不仅花香，而且根也香。

2. 花色

国兰以花色单一、纯净无瑕的素心花为佳。素心花中以晶莹洁白为上品；以嫩绿光洁为中品；以金黄为贵；以鲜红为珍；以黑色为稀。嫩绿优于老绿，老绿优于黄色，黄色优于赤绿。凡赤花，要求色彩对比鲜明，披彩缀点错落有致，以鲜艳为贵，秀雅为珍，色泽昏暗而泛紫色为下品。奇色优于普通色。

3. 花梗

兰花的花梗又叫花亭或花箭，花梗细、圆、高、青杆青花为上品。花大则杆细为佳，花小而厚实以杆粗为佳；紫杆青花优于青梗青花，青梗青花优于紫梗紫花；叶上花优于叶下花。

4. 花萼

兰花的花萼为一个主瓣和两个副瓣。花萼以短宽、肥厚、紧边为优；两个副瓣称为"肩"，一般平肩为优，飞肩为奇，落肩为次，大落肩为劣；副瓣蝶化为奇；梅瓣、荷瓣为优，水仙瓣为中，竹叶瓣为下，鸡爪瓣为劣。

梅瓣特征： 梅瓣形似梅花花瓣，呈阔倒卵形，萼片、捧瓣短、宽、圆、起兜、硬瓣且乳化，长宽比为2∶1，舌短、圆、宽、平伸或上翘。

荷瓣特征： 荷瓣形如荷花花瓣，萼片、捧瓣短、宽、紧边，放角收根，长宽比为2∶1，舌短、圆、宽、下垂或微后卷。

水仙瓣特征： 水仙瓣形如水仙花花瓣，萼片阔椭圆形，硬瓣且乳化，无明显的紧边和收根。

竹叶瓣的特征： 萼片长椭圆形，捧瓣紧边起兜。

鸡爪瓣特征： 萼片、捧狭长、端尖不起兜。

5. 捧

捧为主瓣内侧的二个花瓣，捧短、宽、紧边、瓣尖捧合、不开天窗、五瓣分离为优，分头合背为次，边肩合背为劣；捧瓣蝶化为珍；捧瓣多于二为稀，捧瓣雄蕊化为奇。蚕蛾捧为上品，观音捧为中，蛙壳捧、短圆捧、蒲扇捧、猫耳捧、豆壳瓣、珠瓣、拳瓣等为下。

6. 唇

唇为二个副瓣内侧的一特化的花瓣，唇短、宽、圆、平、正、净色为优，如大圆舌（大而圆，呈半圆形，微下倾）、大如意舌（大、圆、宽，呈椭圆形，下倾或平挂）、刘海舌（圆、正、微向上起兜）；舌尖、狭、歪生为劣，如拖舌、雀舌、大卷舌、冬瓜舌、

葫芦舌等。唇花萼化，与主、副瓣一致为稀；唇多化为奇（如黄金海岸，又称领带花）；舌上绒毛状的附属物称为"苔"，苔以色淡为佳，淡绿优于白色，白色优于黄色。舌上的红点称为朱点，朱点以鲜艳、清楚、明亮、分布匀净为佳。

7. 合蕊柱

合蕊柱小而不明显为优；合蕊柱上的鼻小而平整为佳。

8. 鞘

鞘为花梗上的总苞，又叫壳，包在花茎外面，俗称"兰裙"。鞘脉颜色鲜艳的为上品。从鞘的颜色可以预测将来花的色泽。鞘为绿白色，其花为素心花；鞘鲜艳或深绿，其花为色花；鞘上有紫红挂丝，其花上也有挂丝。

9. 筋

筋为鞘上的叶脉，筋细长、透顶、有光泽的花为梅瓣或水仙瓣；筋粗而透顶的为荷瓣；绿筋绿壳或绿筋白壳、周身晶莹透彻，其花为素心花。

10. 叶

兰叶风韵绰约，冰清素雅；英姿挺秀，刚柔兼备；迎风起舞，摇曳多姿；参差错落，穿插有序；高昂低回，顾盼应答；翠绿常驻，生机隽永，具有较高的观赏价值。古人云："粒露光偏乱，含风影自斜。俗人那解此，看叶胜看花。"

另外，叶是判断生草（未开过花的兰草）是否有栽培价值，是否能开出好花的依据，有经验的人见叶就可知花。一般奇叶常伴奇花。

叶形：通常要求叶片的长、宽和弯曲的程度及整株兰花的体态要相配称，尤其叶片的姿态十分重要。直立叶（直立或斜立）优于垂软叶（弓形或镰刀形叶）；奇叶为优；扭卷叶稀。

叶色：兰花的叶色以浓绿或翠绿、叶面有光泽为上品。

叶尖：时尖透明、钝圆、起沟、收紧起兜为优。

叶缘：大多兰花的叶缘为全缘，叶缘挂边（金边或银边）为优；有细锯齿为上；挂红边为稀。

叶脉：主脉内凹成"V"字形为优；叶脉透明、清亮为上；主脉背面挂边为稀。莲瓣主脉略混浊，侧脉一粗一细，含念珠状叶肉；豆瓣叶脉较亮，侧脉均等较细，质地厚实。

脚叶和叶：脚叶往往能反映花的特征，脚叶白色或淡绿色，其花为素花；脚叶紫色或深绿色，其花为色花；脚叶挂红边或拉红丝，则花带紫红色拉丝。叶基收紧成柱状为优。

幼叶与脚叶一样，幼叶的叶形、叶尖、叶脉、叶缘、叶基的特征观察较为重要，它往往能反映花的特征。

叶硬度：叶硬、弹性好、质感为优。

叶艺：指叶富有观赏价值的特殊变化。当叶色出现金黄或银白色的边缘、线条、斑纹等，称为"艺兰"或"线艺"。国兰的叶艺变化万千、多姿多彩，但总体来说有人概括为复轮、缟、虎斑、蛇皮四大类。至于稀见的"叶艺"，如出现玳瑁斑、矢虎斑的价值较高。

（三）菊花

菊花不仅有飘逸的清雅、华润多姿的外观，而且具有"擢颖凌寒飙""秋霜不改条"的内质，其风姿神采，成为温文尔雅的中华民族精神的象征，菊花也被视为国粹，自古受人爱重。人们可以从以下几方面赏菊：

1. 花色

宋代刘蒙《菊谱》就是依色将36个品种分为黄17品、白15品与杂色4品。实际上现在菊花的颜色已经非常多，除了蓝色和黑色以外各种颜色都有，通常分为黄、白、紫、粉、红、茶、绿、墨、杂九大色系，每一色系又有深浅浓淡的变化，有不少菊花有两种以上的颜色成为所谓的"乔色""间色""混色"等。

2. 花型

花型分为5类、30型和12个亚型。

（1）平瓣类：舌状花冠为平带状，仅基部有少量相连，又可以分为六个类型，即宽带型（平展亚型、垂带亚型）、荷花型、芍药型、平盘型、翻卷型、叠球型。

（2）匙瓣类：花冠有1/2以上、2/3以下是封闭成管状，先端不连合，花冠整体成匙状。本类还可以分成六个型，即匙荷型、雀舌型、蜂窝型、莲座型、卷散型、匙球型。

（3）管瓣类：花冠有2/3以上封闭成管状。本类可以再分为十一个型，即单管型（幅芒亚型、垂管亚型）、翎管型、管盘型（钵盂亚型、抓卷亚型）、松针型、疏管型、管球型、丝发型（扭丝亚型、垂丝亚型）、飞舞型（鹰爪亚型、舞蝶亚型）、钩环型（云卷亚型、垂卷亚型）、璎珞型、贯珠型。

（4）桂瓣类：舌状花1~3轮或退化，筒状花发达成为显著主体，本类又可以分为四类，即平桂型、匙桂型、管桂型、全桂型。

（5）畸瓣类：主要是舌状花发生形态变化，筒状花正常或稀少，又可以分为三型，即龙爪型、毛刺型、剪绒型。

3. 花姿

（1）独本菊（标本菊）：为一株一花的菊花，一般花径可达20~30 cm，供展览或品种特性鉴定之用。以茎秆粗壮，节间均匀，叶茂色浓，脚叶不脱，花大色艳，高度适中（40 cm）为上品。

（2）立菊（多本菊）：为一株数花的菊花，多为布置花坛或做切花，留种等用。栽培时摘心须注意枝条高度一致。以枝叶繁茂、花枝高度、花朵大小及花期均匀一致、着花整齐、分布均匀为上品。

（3）大立菊：为一株有花数百朵乃至数千朵，其花朵大小整齐，花期一致，适于作展览或厅堂、庭园布置用。通过摘心和嫁接，可达到数千朵花的造型。以主干伸展，位置适中，花枝分布均匀，花朵开放一致，表扎序列整齐，气魄雄伟为上品。据目前所知，1994年11月中山市小榄菊花会展出的一株含5 766朵（39圈）花的大立菊是我国大立菊之冠。

（4）悬崖菊：是小菊的一种整枝形式。通常选用单瓣型、分枝多、枝条细软、开花繁密的小花品种，仿效山间野生小菊悬垂的自然姿态，整枝呈下垂的悬崖状。栽培的关键是用竹架诱引主干向前及适时摘心。上品标准是花枝倒垂，主干在中线上，侧枝分布均匀，前窄后宽，花朵丰满，花期一致，并以长取胜。

（5）嫁接菊：是一株其上嫁接多种花色的菊花。用芽接的方法使不同的品种、不同色彩的菊花在一株上开放。

（6）案头菊：是独本菊的另种形式。每盆一株一花，要求株高20 cm以下，植株矮壮，花朵硕大，适于室内茶几、案头摆设。多施用矮化剂，可使其矮化壮实。

（7）盆景菊：用菊花与山石等素材，经过艺术加工，在盆中塑造出活的艺术品。菊花盆景通常以小菊为主，选用枝条坚韧、叶小、节密、花朵稀疏、花色淡雅的品种为宜。亦有留养上年的老株，加强管理，使越冬后继续培养复壮。这样的盆景老茎苍劲，可以提高欣赏价值。

（8）工艺菊：用菊花扎制成各种艺术形态。工艺菊通常也以小菊类菊花来扎制，为了造型的需要，可以用竹片等材料先做成造型骨架，然后按照需要安排各种颜色的菊花，菊花盆可以放在骨架内部，将花引导出来，完成造型。为了增强表现形式，可以附加各种配件，使造型显得生动活泼。现在使菊花依附在大型建筑上，用来扎彩花楼的规模也越来越大，其实这也是菊花应用方面不断发展的结果。

（9）切花菊：可以作成各种花篮、插花、摆放图案等。

4. 花期

菊花根据开花季节不同，有春菊、夏菊、秋菊、寒菊等。春菊花期为4月下旬至5月下旬；夏菊为5月下旬至8月开花；秋菊10月中旬至11月下旬开花，为最常见的菊花；寒菊（冬菊）为12月上旬至次年1月开花。后两种被人们所吟诵。

5. 花韵

菊花在历代文人诗词中都被人格化，或赞其品貌，或美其神韵，或借以言志，南宋郑思肖"花开不并百花丛，独立疏篱趣未穷。宁可枝头抱香死，何曾吹落北风中。"（《寒菊》）她"不与百卉同其盛衰"（宋史正志《菊谱前序》），"寒花开已尽，菊蕊独盈枝"，"凌霜留晚节，殿岁夺春华"，一身傲骨，特别是"晚艳出荒篱""伴蛩石壁里"（唐王建《野菊》）的野菊花，生命力更为旺盛。

"采菊东篱下，悠然见南山"，辞官归田后的陶渊明，采菊东篱，闲适宁静，人与自然和谐交融，达到了王国维所说的"不知何者为我，何者为物"的无我之境。这种自然、平和和超逸的境界，犹如千年陈酒，让人品味出无限韵味，人们从中获得的文化快感涌

动于心底千余年，这是中国文化人生存意义上的美学观，是一种生存哲学。于是，陶渊明被戴上"隐逸之宗"的桂冠，菊花也被称为"花之隐逸者"。菊花的品性，已经和陶渊明的人格交融为一，正如明朝俞大猷《秋日山行》所说："一从陶令平章后，千古高风说到今。"因此，菊花有"陶菊"之雅称，"陶菊"象征着陶渊明傲然骨气。东篱，成为菊花圃的代称。"昔陶渊明种菊于东流县治，后因而县亦名菊"（《花镜·菊花》）。陶渊明与陶菊成为印在人们心里最美的意象。

菊花不以娇艳的姿色取媚于世，而是以素雅坚贞之品性见美于人。屈原汲汲于修养，"朝饮木兰之坠露兮，夕餐秋菊之落英"（《离骚》），"秋菊之落英"为人格修养之佐餐。餐菊落英还曾引来诗坛一场有趣的公案。宋代王安石《残菊》诗有"黄昏风雨瞑园林，残菊飘零满地金"句，欧阳修笑曰："百花尽落，独菊枝上枯耳。"因戏曰："秋英不比春花落，为报诗人仔细看。"向有"拗相公"之称的王安石反唇相讥曰："是岂不知楚辞'餐秋菊之落英'，欧阳几不学之过也。"中国菊花品种之多，难倒了博学的欧阳修。

宋朝李清照在佳节重阳日思念远在外地做官的丈夫赵明诚，填了一阕《醉花阴》词函寄明诚，其中有"东篱把酒黄昏后，有暗香盈袖。莫道不消魂，帘卷西风，人比黄花瘦"，因思念而销魂憔悴得比秋风摧残下的菊花还瘦，清丽高雅，透出脱俗的人格襟怀。

菊花在九九重阳应节而开，"锦烂重阳节到时，繁华梦里傲霜枝"，所以有"节花"之名。"九"与"久""酒"谐音，所以，重阳除了赏菊、登高外，必饮菊花酒，以求延年益寿。宋代《东京梦华录》卷八："九月重阳，都下赏菊，有数种。其黄白色蕊若莲房曰'万龄菊'，粉红色曰'桃花菊'，白而檀心曰'木香菊'，黄色而圆者'金龄菊'，纯白而大者曰'喜容菊'，无处无之。"

菊花华丽、闲寂的风度十分投合日本皇室贵族和文人墨客的情趣，长期成为日本皇室的象征。平安朝的宫廷贵族、文人墨客仿效中国重阳节饮菊花酒的习俗，赋诗探韵，酒为菊酒，杯为菊杯。陶渊明的"采菊东篱下，悠然见南山"所抒发出的归隐情趣，也引起不少古代日本人的共鸣，他们在园林中广植菊花，以营造野趣。在江户初期画家菱川师宣所画的《余景作庭图》中，有一园画满菊花，并注明："此名为菊水之庭……池之周围结菊篱以植菊，以陶渊明之诗心而作。"

文人爱菊、种菊蔚为风气，历史上艺菊专书近40种，宋刘蒙、史正志《菊谱》、范成大《范村菊谱》、明黄省曾《艺菊书》、陈继儒的《种菊法》、清陆廷灿的《艺菊志》等。

陈淏子的《花镜·菊花》总结道："菊有五美：圆花高悬，准天极也；纯黄不杂，后土色也；早植晚发，君子德也；冒霜吐颖，象贞质也；杯中体轻，神仙食也。"

（四）牡丹

1. 国色无双

牡丹花色丰富，五彩缤纷，姹紫嫣红，有"国色""国艳"等美称。牡丹花色可分为白色、红色、黄色、粉色、紫色、黑色、蓝色、绿色和复色等九大色系。不同的牡丹品种，呈现不同的颜色。而每一种颜色，又有深浅浓淡的变化。同一牡丹品种，在不同年份、不同栽培条件和不同光照、不同地点也会有不同的变化。而同一朵花在初开、盛开、近谢时花色也会变化。最奇特的是"二乔"和"岛锦",同一株上甚至同一花朵、同一花瓣上,可同时开放两种颜色。紫斑牡丹花瓣基部具有明显的色斑,分为红色、棕红色、紫红色和黑色等种。

牡丹的嫩芽嫩枝五彩斑斓,生机勃勃,观赏价值高。近几年来,牡丹工作者开始关注芽、叶具有观赏价值的品种,推出了观芽牡丹、观叶牡丹品种。比如'百花炉''银红绿波''新日月''杨贵妃''旭港'等新芽碧绿鲜嫩的品种'冰叶粉'叶子金黄色,'海棠争润''赵紫'等品种芽鲜红如焰,是良好的观芽品种,'夜光白''锦红''雁落粉荷''肉芙蓉''银红巧对''盛丹炉'等品种抗病能力强,一直到下霜时才落叶,是优良的绿化用牡丹品种。牡丹在中原地区2月初即开始发芽,不畏霜雪和严寒,是发芽最早的观赏花木之一。

2. 天香欺兰

天香,是花香的最高境界。牡丹花大且美,花香也很馥郁,有"天香""国香""异香""狂香""冷香""馨香""第一香"等美誉。

从古到今,诗人对牡丹歌咏最多的,当数一个"香"字。唐代诗人李正封写下"国色朝酣酒,天香夜染衣"。从此,"国色天香"成了牡丹的代名词。皮日休一句:"竞夸天下无双艳,独立人间第一香。"从此,牡丹香列第一。韦庄《白牡丹》诗云:"昨夜月明浑似水,入门惟觉一庭香。"花香扑面而来。李山甫《咏牡丹》诗道:"数苞仙葩火中出,一片异香天上来。"更道出了牡丹花香的奇异,此香只应天上有,不知何时到人间。也有人称牡丹花香为冷香、馨香、狂香、清香,体现了诗人对牡丹花香如醉如痴的喜爱。如薛能诗云:"浓艳冷香初盖后,好风乾雨正开时。"如谦光诗云:"艳异随朝露,馨香逐晓风。"如张淮诗云:"百味狂香三昧神,就中谁解独知真。"如黄庭坚诗《谢王舍人剪送状元红》云:"清香拂袖剪来红,似绕名园晓露丛。"

3. 丰姿绰约

牡丹花千娇百态,有的直上,有的侧开,有的下垂,有的"叶里藏花"。雍容华贵,绚丽多姿。

牡丹自然增加的花瓣有圆形、倒卵形、齿裂形、倒广卵形等形状。而雄蕊、雌蕊甚至花萼瓣化形成的花瓣有倒卵形、狭长形、针形、齿裂形、卷曲形、丝形、勺形、匙形、不规则形等。部分雌蕊瓣化后呈绿色、黄色、白色,极具观赏价值。

牡丹不同品种花型多变,可分为三类十型,三类即单瓣类、重瓣类(千层类)、楼子类;十型即单瓣型、荷花型、菊花型、蔷薇型、千层台阁型、金环型、托桂型、皇冠型、绣球型和楼子台阁型;牡丹株态分直立型、半开张型、开张型、矮型等;牡丹叶型分大型圆叶、大型长叶;中型圆叶、中型长叶;小型圆叶、小型长叶。叶子又有软硬、光糙、厚薄、绿黄紫晕等区别。

4. 神韵迷人

牡丹有雍容华贵的大气,有富丽堂皇的庄重,有柔肠百转的温情,更有侠肝铁骨的

凛然。它绚丽多姿,美丽芬芳,带给人们无尽的精神享受,更由于它的神奇传说,人们赋予它高尚的品格,从中寄寓理想和情志。

牡丹每一次的绽放都是生命最完美的呈现。每年早春,牡丹花迎着初春的料峭就开始了孕育。一丛丛半人高的牡丹植株上,昂然挺起千头万头硕大饱满的牡丹花苞,个个形同仙桃,却是朱唇紧闭,洁齿轻咬,薄薄的花瓣层层相裹,毛茸茸的花托包裹着水晶般的花苞,滴露洒在上面更显出了它的娇嫩,就像玉石雕刻般的模样,发出别样的质感与光辉。花开之际,一朵朵牡丹如出浴的少女,展露青春的妩媚。有的就绽放在碧叶之上,有的则掩映在叶片与花株之间,隐现不加修饰的美貌容颜。那碧绿的叶片宽大厚实,十分坦然地四处伸展。盛花之时,到处花团锦簇,香云缭绕。清风吹来,牡丹随风摇曳,散发出香风涟漪,香气清净纯美,柔和雅适,凸显成熟与端庄。

牡丹的美惊世骇俗,开,倾其所有;落,惊心动魄。"一阵清风徐来,娇艳鲜嫩的盛期牡丹忽然整朵整朵地坠落,铺散一地绚丽的花瓣。那花瓣落地时依然鲜艳夺目,如同一只被奉上祭坛的大鸟脱落的羽毛,低吟着壮烈的悲歌离去。牡丹没有花谢花败之时,要么烁于枝头,要么归于泥土,它跨越委顿和衰老,由青春而死亡,由美丽而消遁。它虽美却不吝惜生命,即使告别也要留给人最后一次惊心动魄的体味。"(张抗抗《牡丹的拒绝》)

牡丹花那种由内向外自然散发出的华美与高贵,是任何其他的花所无法比拟的,那种经受岁月的沧桑而历练出来的神韵,无以言表。

第四章 花与中国文学

我国是花的国度，也是诗的国度。在众多中国文人心中，花是诗词歌赋取之不尽的吟咏题材，是名词佳句闪耀灵光的源头所在。花的出现成就了一个文学的国度，使得文学的殿堂姹紫嫣红、精彩纷呈；文学描写又使得花得以升华，名扬四海。

从古至今，许多文人墨客都为花写下动人篇章。"桃之夭夭，灼灼其华。之子于归，宜其室家"，那是以盛开的桃花比喻新嫁娘的美貌和才能；"椒聊之实，蕃衍盈升。彼其之子，硕大无朋"，那是以多花结子的椒实祈福子孙强盛；"有梅，其实七兮。求我庶士，迨其吉兮"，那是以梅子孕育过程喻示人类的青春活力，也延伸为对人才的企盼；"焉得萱草，言树之背。愿言思伯，使我心痗"是指人子远行，当种萱草于母亲所住之屋，以免忧思，后来更演变成对伟大母爱的歌颂，甚至连萱草也变成了东方的"母亲之花"。以"诗"为经，历朝历代的文人墨客，无不以大量笔墨用于吟诵花卉："何止千年老干屈如铁，一夜东风都作花"，颂的是花的坚韧；"小小闲花分外红，野人篱落自春风"，道出了花的平实；"日出江花红胜火，春来江水绿如蓝"，赞的是花的宏大；"小雨轻风落楝花，细红如雪点平沙"，"点"的是花的精粹；"日长睡起无情思，闲看儿童捉柳花"，以花抒发作者怀才不遇的心境；"志士凄凉闲处老，名花零落雨中看"，借花的凋零，倾吐了壮志未酬的无奈。

文人不仅以花入诗，很多词牌名、曲牌名也与花相关联，如《采莲子》《醉花阴》《山花子》《荷叶杯》《木兰花》《一剪梅》《桂枝香》，由此可见花与诗词的深厚渊源。

除了诗歌词赋，在中国成语和俗语中以花做比喻的条目也随处可见，"拜倒在石榴裙下""丁香结""步步莲花""笔下生花""闭月羞花""羯鼓催花"都和花有关。此外，古往今来大量的散文、小说、戏曲、书画，也都记载着浩如烟海的花文化。戏曲中有明代汤显祖的名剧《牡丹亭》、吴炳的《绿牡丹》、周朝俊的《红梅记》、现代评剧《花为媒》。小说中，蒲松龄的《聊斋志异》也有许多篇章与花相关，如《葛巾》《黄英》《莲花公主》《荷花三娘子》等。骚人墨客，喜时颂桃花"山桃红花满上头，蜀江春水拍天流"；怨时讽桃花"人面不知何处去，桃花依旧笑春风"；想咒骂国贼，便写了一部《桃花扇》，赋予桃花热血的象征、愤怒的色彩；想叹息命运，便撰了一首《桃花行》，给了桃花那么多的哀苦，那么多的眼泪。《红楼梦》和《镜花缘》两部古代小说都塑造了许多美丽出众的女性形象，曹雪芹"以花喻人"，李汝珍塑造了百位"花神"，花对众女子的性格与命运有着深刻的隐喻和象征意味。其他小说如《海上花》《红玫瑰与白玫瑰》《梦里花落知多少》，从书名中我们就可以感受到花的魅力。一曲《茉莉花》，没有高亢

的激昂,也没有凝厚的深沉,但却唱遍全国、唱红世界,在一些外国友人眼中甚至成了中国的代名词。

花令我们的文学更加璀璨多姿,花让我们的生活更加丰富多彩。中华花文化博大精深,在浩如烟海的花文学作品中,我们在此只能撷取沧海一粟。

第一节 咏花诗词名句赏析

一、牡丹

> 绿艳闲且静,红衣浅复深。
> 花心愁欲断,春色岂知心。
> ——唐·王维《红牡丹》

绿艳:指叶。闲且净:文雅又端丽。红衣:指花瓣。浅复深:由浅到深。花心:指蕊,这里是双关语。牡丹朵大色艳,奇丽无比,有"富贵之花"的美称,又有"国色天香"的极誉。唐时盛栽于长安,宋时称洛阳牡丹天下第一。这首诗着墨不多却把牡丹盛开时的娇艳描写得淋漓尽致,诗情与画意融为一体,巧妙地表达了诗人对牡丹的喜爱和对自己怀才不遇的感慨。绿叶丛中,一朵牡丹看上去文雅娴静,红色的花瓣色泽由浅入深。但它心事重重,愁肠欲断,这万千思绪岂是那春色能明白的。

> 去春零落暮春时,泪湿红笺怨别离。
> 常恐便同巫峡散,因何重有武陵期。
> 传情每向馨香得,不语还应彼此知。
> 只欲栏边安枕席,夜深闲共说相思。
> ——唐·薛能《牡丹四首》

将牡丹拟人化,用向情人倾诉衷肠的口吻写尽诗人与牡丹的恋情,笔触细腻而传神,自有一种醉人的艺术魅力。"去春零落暮春时,泪湿红笺怨别离。"泪湿红笺句,读来亲切感人。诗人面对眼前盛开的牡丹花,却从去年与牡丹的分离落墨,把人世间的深情厚谊浓缩在别后重逢的特定场景之中。"常恐便同巫峡散,因何重有武陵期?"担心与情人的离别会像巫山云雨那样一散而不复聚,望眼欲穿而感到失望。在极度失望之中,突然不期而遇,更使人感到再度相逢的难得和喜悦。"巫峡散"承上文的怨别离,拈来宋玉《高唐赋》中楚襄王和巫山神女梦中幽会的故事,给花人之恋抹上梦幻迷离的色彩;"武陵期"把陶渊明《桃花源记》中武陵渔人意外地发现桃花源仙境和传说中刘晨、阮肇遇仙女的故事揑合在一起,给花人相逢罩上神仙奇遇的面纱。末两句,将诗情推向高潮:"只欲栏边安枕席,夜深闲共说相思。""安枕席"于栏边,如对故人抵足而卧,情同山海。深夜说相思,见其相思之渴,相慕之深。

>庭前芍药妖无格，池上芙蕖净少情。
>惟有牡丹真国色，花开时节动京城。
>——唐·刘禹锡《赏牡丹》

写芍药虽然娇艳，但不够格调；荷花虽然净丽，但缺少风情；只有牡丹像美绝一国的女子，花开时节倾动京城长安。此诗没有直接描绘牡丹，只从侧面着笔，用衬托来比喻牡丹之艳丽绝伦，使之跃然纸上。

>惆怅阶前红牡丹，晚来唯有两枝残。
>明朝风起应吹尽，夜惜衰红把火看。
>——唐·白居易《惜牡丹花》

惆怅：伤感，愁闷，失意。阶：台阶。残：凋谢。衰：枯萎，凋谢。红：指牡丹花。把火：手持灯火。诗人惆怅地看着台阶前的红牡丹，傍晚到来的时候只有两枝残花还开着。料想明天早晨大风刮起的时候应该把所有的花都吹没了，因为珍惜衰谢的牡丹，于是在夜里手持灯火来看花。可见诗人对牡丹的无限怜惜，寄寓了岁月流逝、青春难驻的深沉感慨。

>落尽残红始吐芳，佳名唤作百花王。
>竞夸天下无双艳，独占人间第一香。
>——唐·皮日休《牡丹》

该诗极誉牡丹的美艳，举世无双。前两句写牡丹的与众不同，它不与百花争艳，残红落尽才开放。后两句采用对仗手法，用"无双"和"第一"表达出牡丹的绝代芳华。表现了诗人的才情和自信，借牡丹来抒发自己的壮志情怀。

>若教解语应倾国，任是无情亦动人。
>——唐·罗隐《牡丹花》

教：让、使。解语：解语花。原是比喻美人，这里指牡丹。倾国：比喻牡丹像绝色佳人。罗隐是唐代"江东三罗"之一，恃才傲物，为公卿所恶。常笔锋犀利，讽刺现实。他对凭借献媚、奉承而飞黄腾达之人常投去凌厉的目光，即使赏牡丹时也不忘讽刺那些趋炎附势的人。该诗大意是牡丹那么善解人意，随东风开谢，尽管无情也一样动人，受人赞誉。最后一句很耐人寻味。诗无达诂，了解背景，仔细品读，才能诠释诗意。

二、梅

>众芳摇落独暄妍，占尽风情向小园。
>疏影横斜水清浅，暗香浮动月黄昏。
>——宋·林逋《山园小梅》

　　暄妍：指梅花在晴日里显得更妍丽。**占尽风情**：独占风采。**浮动**：形容香气飘散。前两句写梅花凌霜傲雪、独领风骚的可贵品格。大意是冬天百花凋残，唯独梅花迎风斗雪率先开放，花色鲜艳明丽、占尽小园风光；后两句写梅花的香、姿。"疏影"用"横斜"来描绘，再配上"水清浅"的淡雅环境；"暗香"用"浮动"来形容，再点上"月黄昏"的朦胧色调，细腻传神地描绘出了高洁淡雅、不染尘俗的梅花体态，俨然一幅淡雅朦胧的溪边月下梅花清赏图。大意是：梅枝稀疏横斜的影子倒映在清浅的溪水中，梅花清幽的香气在朦胧月色之中阵阵飘散。这首诗不仅把幽静环境中梅花倩影和神韵写绝了，而且还把梅品、人品融汇到一起。其中"疏影""暗香"两句，更成为咏梅的千古绝唱。作者以梅自喻，显示他不同流合污的品格，充满孤芳自赏的情趣。

墙角数枝梅，凌寒独自开。
遥知不是雪，为有暗香来。
——宋·王安石《梅花》

　　凌寒：冒着严寒。**遥知**：远远便知道。作者借梅抒写自己坚贞的意志和品格。墙角有几枝梅花冒着严寒独自开放。远看就知道洁白的梅花不是雪，因为能闻到梅花隐约传来的阵阵香气。该诗意味深远，而语句却十分朴素自然。作者笔下的梅花洁白如雪，长在墙角但毫不自卑，远远地散发着清香。用雪喻梅的冰清玉洁，又用暗香点出梅胜于雪，说明梅花不畏严寒的高洁品格所具有的独特魅力。

驿外断桥边，寂寞开无主，
已是黄昏独自愁，更著风和雨。
无意苦争春，一任群芳妒。
零落成泥碾作尘，只有香如故。
——宋·陆游《卜算子·咏梅》

　　驿外：客店外面。**无主**，无人问。表达诗人对梅花的怜惜之情。作者采取拟人手法，描写梅花纯洁高尚、不同流俗的品格。遭遇那样险恶的环境已愁肠寸断，又遭风吹雨打的摧残。并不想与百花争艳，更不屑于百花的嫉妒，即使凋落变成泥土，化尘犹香。表达了诗人在逆境中坚贞不屈、至死不移的爱国信念。

一朵忽先变，百花皆后香。
欲传春信息，不怕雪埋藏。
——宋·陈亮《梅花》

　　变：指梅花从含苞到开放的变化。"一花引来百花香"隐喻一种新事物出现后，会带来许多新事物的涌现。而"欲传春信息，不怕雪埋藏"，也暗示作者为了抗金救国，不怕自我牺牲的精神。

梅须逊雪三分白，雪却输梅一段香。
——宋·卢梅坡《雪梅二首》

须:虽。逊:不如。一段:一缕、一片。似是写雪和梅的缺点,其实是写它们各自的特点,即雪白、梅香。

> 风雨送春归,飞雪迎春到。
> 已是悬崖百丈冰,犹有花枝俏。
> 俏也不争春,只把春来报。
> 待到山花烂漫时,她在丛中笑。
> ——毛泽东《卜算子·咏梅》

词表现出梅花坚冰不能损其骨、飞雪不能掩其俏、险境不能摧其志,突显了梅花傲岸挺拔、花中豪杰的精神气质。用以比喻革命者不管环境多么艰苦,都能像梅花那样,不惧严寒,在风雪中傲然怒放,赞颂了他们不屈不挠的革命斗志。一句"待到山花烂漫时,她在丛中笑",一改古人认为梅花只能孤芳自赏、离群索居的自命清高,以神来之笔写出了梅花与百花共享春光的喜悦。境界瑰丽,气魄恢宏,不同凡响。

三、兰

> 兰生深山中,馥馥吐幽香。
> 偶为世人赏,移之置高堂。
> 雨露失天时,根株离本乡。
> 虽承爱护力,长养非其方。
> 冬寒霜雪零,绿叶恐雕伤。
> 何如在林壑,时至还自芳。
> ——明·陈汝言《兰》

以兰喻人,细腻传神,感人肺腑,真是千古兰诗第一篇。全诗无不折射了诗人一生的悲惨境遇,句句凄凉,泪湿衣裳。

> 惟幽兰之芳草,禀天地之纯精;抱青茎之奇色,挺龙虎之嘉名。不起林而独秀,必固本而丛生。尔乃丰茸十步,绵连九畹。茎受露而将低,香从风而自远。……楚襄王兰台之宫,零落无丛;汉武帝狩兰之殿,荒凉几变。闻昔日之芳菲,恨今人之不见。至若桃花水上,……气如兰兮长不改,心若兰兮终不移。
> ——唐·杨炯《幽兰赋》

该诗不仅用典丰富,思绪纵横,感情深沉,而且条理清晰,字字珠玑,将诗人对兰花的深刻情怀表现得淋漓尽致,洋洋洒洒,让人百读不厌,回味无穷。诗人的才学真无愧于"唐初四杰"的誉称。

> 孤兰生幽园,众草共芜没。
> 虽照阳春晖,复悲高秋月。

> 飞霜早淅沥，绿艳恐休歇。
> 若无清风吹，香气为谁发。
> ——唐·李白《孤兰》

写孤兰的处境，虽说被野艾莠草所埋没，仍一枝独秀，临风而卓然挺立，这里表达了诗人受压抑的现实处境。"若无清风吹，香气为谁发"，"清风"借指引荐者，"香气"比喻自己的才能抱负，表达了诗人感慨知音难觅的寂寞心情。

> 兰叶春葳蕤，桂华秋皎洁。
> 欣欣此生意，自尔为佳节。
> ——唐·张九龄《感遇》

兰叶：兰的香气在叶，故称"兰叶"。葳蕤（wēiruí）：繁茂的样子。桂华：桂花。第四句意为：兰、桂使春与秋自然成为佳节。诗句是作者被贬后所写，以春兰秋桂的芳洁自比，不与黑暗势力同流合污。

> 开处何妨依藓砌，折来未肯恋金瓶。
> 孤高可挹供诗卷，素淡堪移入卧屏。
> ——宋·刘克庄《兰》

藓：苔藓，指阴暗偏僻处。挹（yì）：犹取。卧屏：卧室中的画屏。这首诗把兰花的清高、淡泊的品格具体形象化。

> 能白更能黄，无人亦自芳。
> 寸心原不大，容得许多香。
> ——明·张羽《兰花》

寸心：指花蕊。这首诗表现了兰花这位"君子"的虚怀。

四、竹

> 不用栽为鸣凤管，不须截为钓鱼竿；
> 千花百草凋零后，留向纷纷雪里看。
> ——唐·白居易《题窗竹》

鸣凤管：箫的雅称。零：落。留向：留它的意思。这首诗赞颂了竹子凌寒不凋的顽强生命力。

> 更容一夜抽千尺，别却池园数寸泥。
> ——唐·李贺《昌谷北园新笋四首》

抽：长高得很快。作者借笋抒怀，希望笋蓦地长高，暗喻自己有朝一日得到重用。

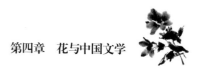

> 两枝修竹出重霄，几叶新篁倒挂梢。
> 本是同根复同气，有何卑下有何高！
> ——清·郑燮《题画竹》

重霄：高空。新篁：新竹的叶子。复：又。这首诗借竹对封建等级制度提出了强烈的抗议。

五、菊

> 花开不并百花丛，独立疏篱趣未穷。
> 宁可枝头抱香死，何曾吹落北风中。
> ——宋·郑思肖《画菊》

并：靠，依傍。疏篱：稀疏的篱笆。这首诗赞颂了菊花宁可枯死枝头也不落地的坚贞品格和民族气节。

> 芳菊开林耀，青松冠岩列。
> 怀此贞秀姿，卓为霜下杰。
> ——晋·陶渊明《菊》

林：树林。耀：形容开得耀眼、鲜明。冠：挺立的意思。岩列：群山。贞秀：坚贞、秀俊。卓：卓然。霜下杰：风霜下的英杰。诗人赞叹松菊坚贞秀美的英姿和卓尔不群的风貌，誉之为"霜下杰"。

> 荣曜秋菊，华茂春松。
> ——三国·曹植《洛神赋》

洛神：传说为伏羲之女，溺洛水而死，遂为洛神。荣曜：繁荣光彩。华茂：华美茂盛。称誉秋菊春松，比喻洛神的容光焕发。该赋塑造的美丽动人的女神形象，正是诗人追求理想的化身。

> 待到秋来九月八，我花开后百花杀。
> 冲天香阵透长安，满城尽带黄金甲。
> ——唐·黄巢《不第后赋菊》

我花：指菊花。杀：凋谢。黄金甲：黄色菊花似金黄盔甲。诗人用对比手法写菊花傲霜盛开的顽强生命力和非凡气势，展示出农民革命风暴摧旧迎新的胜利前景。

六、荷花

> 风含翠筱娟娟净，雨裹红蕖冉冉香。
> ——唐·杜甫《狂夫》

翠筱：小竹。娟娟：美好貌。净：光洁。雨裛：湿透。红蕖：荷花。冉冉：柔弱貌。在和风的吹拂下翠竹轻轻摇动，带着水光的枝枝叶叶青翠欲滴，让人赏心悦目；一阵润物无声的细雨洒过，小潭里的荷花格外娇艳，溢出缕缕清香。《狂夫》把优美的自然风光和自己穷愁潦倒的现实生活巧妙地结合起来，表现了作者贫困不能移的精神境界。

叶上初阳干宿雨，水面清圆，一一风荷举。
——宋·周邦彦《苏幕遮》

宿雨：指荷叶上隔夜的雨水珠。清圆：形容荷叶清净圆润。风荷举：晨风吹动着荷叶在水面上舒展开来。荷叶上初出的阳光晒干了昨夜的雨，水面上的荷花清润圆正，荷叶迎着晨风，每一片荷叶都挺出水面。作者以荷为媒介，表达对故乡的眷念。

荷叶似云香不断，小船摇曳入西陵
——宋·姜夔《湖上寓居杂咏》

西陵：西兴镇，在今浙江萧山。原诗：苑墙曲曲柳冥冥，人静山空见一灯。荷叶似云香不断，小船摇曳入西陵。池塘里荷叶像云彩一样弥散并送来阵阵香气，一只小船摇曳着，乘着夜色驰向萧山方向。

接天莲叶无穷碧，映日荷花别样红
——宋·杨万里《晓出净慈寺送林子方》

接天：与天空相接。无穷碧：无边无际的碧绿色。翠绿的莲叶，涌到天边，使人感到置身于无穷的碧绿之中；而娇美的荷花，在骄阳的映照下，更显得格外艳丽。表达了作者对西湖六月美景的赞美之情，是歌咏该景致的经典作品，以其独特的手法流传千古。

胭脂雪瘦熏沉水，翡翠盘高走夜光。
——金·蔡松年《鹧鸪天·赏荷》

胭脂雪瘦：形容红中稍透白色的荷花颜色。沉水：即沉香，闺房熏用。走夜光：反射月光的露珠在荷叶上滚动。该诗句描写初秋时节的荷塘月色。

七、百花

岁华尽摇落，芳意竟何成！
——唐·陈子昂《感遇》

岁华：一年凋落的花草。借花之摇落而兴怀，直抒胸臆，感叹美好理想的破灭。

草色青青柳色黄，桃花历乱李花香。
——唐·贾至《春思二首》

"草色青青柳色黄"，用嫩绿、鹅黄两色把春草丛生、柳丝飘拂的生机盎然的春景点

第四章 花与中国文学

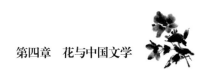

染得十分明媚;"桃花历乱李花香",更用嫣红、洁白两色传出了花枝披离、花气氤氲的浓春景象,使春光更加艳冶,春意更加喧闹。诗人在这两句里写足了春景。

> 繁枝容易纷纷落,嫩蕊商量细细开。
> ——唐·杜甫《江畔独步寻花七绝句》

繁枝:这里指已开的花。嫩蕊:指未开的花蕾。"商量"二字极富人情味,诗句的意趣浓郁。

> 花非花,雾非雾;
> 夜半来,天明去;
> 来如春梦几多时,去似朝云无觅处。
> ——唐·白居易《花非花》

前两句写那些似是而非的事物,后面几句写它的行踪不定,难以捕捉。

> 乱花渐欲迷人眼,浅草才能没马蹄。
> ——唐·白居易《钱塘湖春行》

乱花:各色各样的花。没:遮没,形容绿茵铺野。这首诗表现了诗人沉醉于杭州西湖的初春景色,乱花迷眼浅草密布。

> 今年花落颜色改,明年花开复谁在?
> 已见松柏摧为薪,更闻桑田变成海。
> ——唐·刘希夷《代白头吟》

颜色改:形容容貌衰老。复:又。这是洛阳女子在叹息自己的青春易逝、人生易老。后两句往往被后人比作新旧事物的更替的自然规律。

> 落时犹自舞,扫后更闻香。
> ——唐·李商隐《和张有才落花有感》

这是咏落花的佳句,常被人们比喻为好人或好事的余香未尽、韵味悠然。

> 花枝草蔓眼中开,小白长红越女腮。
> 可怜日暮嫣香落,嫁与春风不用媒。
> ——唐·李贺《南园十三首》

眼中开:眼看着就开放了。小白长红:白少红多。越女腮:花开像越地美女的面腮。可怜:可惜。嫣香:娇艳的花朵。嫁与春风不用媒:不用他人帮助便被春风吹落了。

> 浅深红白宜相间,先后仍须次第栽。
> 我欲四时携酒去,莫教一日不花开。
> ——宋·欧阳修《谢判官幽谷种花》

次第：依次。四时：四季。诗意为：幽谷种花，我随时都要携着酒到那儿去赏花，可不要让花儿有一天不开啊！诗人希望能时时寄情徜徉花草田园间，对花饮酒，表达其爱花的闲逸情怀。

新笋已成堂下竹，落花都上燕巢泥。
——宋·周邦彦《浣溪沙》

新生的笋子长成堂前的修竹，落地的花朵变成燕巢的窝泥。此句既道出事物成长衰落的自然规律，又叹岁月的流逝。

深红浅紫从争发，雪白鹅黄也斗开。
——宋·苏轼《次荆公韵四绝》

"红""紫""白""黄"四字尽写花的绚丽多彩，"争""斗"二字则把花写得生机勃发。

重重叠叠上瑶台，几度呼童扫不开。
刚被太阳收拾去，却教明月送将来。
——宋·苏轼《花影》

层层叠叠的花影映在华贵的亭台上，几次呼唤童仆也扫它不开，花影刚被夕阳带走，又被明月送了回来。"上""扫""收""拾""送"五个动词把花影写活了。此以花影比拟盘踞高位的小人，寓意深刻。

落花有泪因风雨，啼鸟无情自古今。
——清·屈大均《壬戌清明作》

有泪：形容花上的露珠。两句皆是双关语，垂泪的落花比作受打击的抗清志士，得意的啼鸟则是比作卖力为清廷帮腔的小人。

八、草木

一丛香草足碍人，数尺游丝即横路。
——北朝·北周·庾信《春赋》

游丝：昆虫吐出的丝在空中飘游。写春色留人，含蓄不露。

苔痕上阶绿，草色入帘青。
——唐·刘禹锡《陋室铭》

苔：苔藓。渲染了苔绿草青的环境，清雅怡人，极具美感。

江春不肯留归客，草色青青送马蹄。
——唐·刘长卿《送李判官之润州行营》

第四章 花与中国文学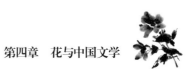

首句写留客,因种种缘由而无法挽留;后句写送客,青草之上马蹄奔驰,青草似乎也通人情,与作者一道送别友人。

> 天意怜幽草,人间重晚晴。
> ——唐·李商隐《晚晴》

幽草:称在幽暗处的小草,阴雨太久会使它烂死。首句是作者自喻,暗含天将放晴的意思;后句表示作者对人生的态度。如果说他的"夕阳无限好,只是近黄昏"句调子低沉,那么这两句则更多表现出乐观态度及珍重美好的"晚晴",并不去理会它的久暂。

> 细草摇头忽报侬,披襟拦得一西风。
> ——宋·杨万里《暮热游荷池上》

侬:我。这里指荷花。披襟:敞开衣襟。用拟人手法写小草和荷花默契在酷暑的傍晚巧取凉风的状态。

> 劲草不倚于疾风,零霜则变;
> 青葵善迎于白日,宇暧斯迷。
> ——清·王夫之《连珠》

倚:偏。零:落。宇:屋。暧:昏暗。末句意为:在昏暗的屋檐下则会迷失朝向。四句比喻美好的事物也有它的缺点和不足。

> 离离原上草,一岁一枯荣。
> 野火烧不尽,春风吹又生。
> ——唐·白居易《赋得古原草送别》

离离:茂盛的样子。诗人把草木顽强的生命力描写得淋漓尽致。

第二节 花与《红楼梦》

《红楼梦》作为我国古典小说的巅峰之作,也是中国传统文化的全方位集成,它包罗宗教、戏曲、民俗、饮食、服饰、建筑以及花文化等众多文化门类,而且都有独到见解,其博大精深是其他小说无法比拟的。

一、《红楼梦》的"群芳谱"

《红楼梦》全书描述植物237种,在同时期小说中绝无仅有。《红楼梦》是一个花的世界,是一部名副其实的"群芳谱",书中塑造了众多美丽出众的女子,在这些形象的塑造中，作者处处以花喻人，以花写人，花是人的映衬。《红楼梦》中不乏"花"的描写。回目就有"埋香冢飞燕泣残红""林潇湘魁夺菊花诗""琉璃世界白雪红梅""憨湘云醉眠芍药裀""林黛玉重建桃花社""史湘云偶填柳絮词""痴公子杜撰芙蓉诔"。大观园中的女子们又都有着闭月羞花之貌。黛玉是"闲静时如娇花照水""腮上通红，自羡压倒桃花"，凤姐是"俏丽若三春之桃，清素若九秋之菊"，这里的人栽花、赏花、论花、眠花、赠花、葬花，真可谓"花影不离身左右"。书中的每种"花"又以自己独特的美衬托着人物的个性。如妙玉门前的红梅，衬托出她的孤傲；李纨住处的杏花，"佳蔬菜花"，则构造出一幅清新明朗的乡野风光，衬托了李纨的与世无争。其余像潇湘馆的梨花与竹，暖阁之中的单瓣水仙，秋爽斋中的白菊，都较好地与人物个性相契合。

作者在许多场合以"花"组织情节，安排人物活动。大观园中的几次诗社都是以花为题：海棠社、菊花社，桃花社的《桃花行》、柳絮词，芦雪广联句后的咏红梅。还有宝、黛的葬花，黛玉的泣残红、《葬花吟》及宝玉的《芙蓉女儿诔》。这些吟花诗及由"花"构成的优美意境不仅提升了花的神韵，而且也映衬了众女子美好的品性才情。

此外，《红楼梦》的第六十三回"寿怡红群芳开夜宴"是曹雪芹系统运用"以花写人"传统手法的一个重要章节，这一章中他对几个主要女性的"花格"进行了定位。为庆贺宝玉生日，裙钗齐集怡红院行"占花名儿"的酒令。这回中共写了八位女子即：宝钗、探春、李纨、湘云、麝月、香菱、黛玉、袭人抽取花签的情形，每支令签上都画着一枝花并注有一句唐宋人的诗。这些签上的花及咏花诗，都暗喻、象征着每位人物的性情与结局。如李纨掣的老梅，无论是花名还是文句，都与李纨的形象相符，清雅淡泊，无欲无求。湘云掣的是海棠，海棠花色的艳丽，正与湘云活泼的颇具男子气概的性格相合。桃花的美艳则衬托出了袭人的美貌。此外，黛玉的芙蓉、宝钗的牡丹、探春的杏花，这些花的"花格"都无不与她们的品格相类，映衬着她们高尚的人格。

《红楼梦群芳图谱》（戴敦邦，1994，见图4.1）中，除了对上述8人的花卉比喻做了解释外，还另选22位女子，一一以花喻之。她们是：罂粟花——王熙凤；昙花——贾元春；迎春花——贾迎春；曼陀罗——贾惜春；梨花——妙玉；仙客来——秦可卿；牵牛花——巧姐；樱花——尤二姐；虞美人——尤三姐；芍药——薛宝琴；兰花——邢岫烟；凤仙花——平儿；莲花——晴

图4.1 《红楼梦群芳图谱》插图

雯；杜鹃——紫鹃；女贞——鸳鸯；蔷薇——龄官；水仙——金钏；含笑花——小红；朱

顶红——司棋；野玫瑰——芳官；凌霄花——娇杏；夫妻蕙——蕙香。

二、《红楼梦》的海棠花文化

《红楼梦》一书涉及海棠种类繁多，而且表现在曹雪芹行文时处处不忘海棠，看似不经意的细节中蕴藏深意，流露出对海棠的深情。整部《红楼梦》中，曹雪芹赋予海棠花的艺术内涵异常丰富，既包括苹果属的西府海棠，又包含了秋海棠、木瓜海棠。海棠花文化既通过大观园的家居生活、休闲娱乐和神秘隐喻有所体现，同时以花喻人。

1. 《红楼梦》家居生活中的海棠花文化

第五回宝玉随贾母等人到宁府游玩，一时倦怠，欲睡午觉，被引到秦可卿房中，"入房向壁上看时，有唐伯虎画的《海棠春睡图》"。"海棠春睡"的典故出自北宋乐史《杨太真外传》："上皇登沉香亭，召太真妃，于时卯醉未醒，命力士使侍儿扶掖而至，妃子醉颜残妆，鬓乱钗横，不能再拜，上皇笑曰，岂妃子醉，是海棠睡未足耳。"此典故以海棠代指杨玉环，后来渐渐演绎出以海棠花来比喻娇艳女子的"海棠花文化"。在第十一回又提到了这幅《海棠春睡图》，贾宝玉瞅着《海棠春睡图》，听秦可卿说自己这病未必熬得过年去，只觉得万箭攒心。海棠图依旧，可美人却将不久于人世，怎不让人心痛！

第四十回里贾母等人榻前的雕漆几，"也有海棠式的，也有梅花式的，……其式不一"。第四十一回刘姥姥二进大观园，贾母带她在园子里见识见识，来到栊翠庵，"妙玉亲自捧了一个海棠花式雕漆填金云龙献寿的小茶盘，里面放一个成窑五彩小盖钟"献茶。这两回都提到了海棠（花）式，海棠花式是我国传统装饰纹饰的一种，是由海棠花演变出来的艺术图案，不同于五出数的梅花式，多为左右对称的四出型图案，后人将此种形状的器具称为海棠花式的器具，将器具上装饰的图案称为海棠纹。海棠花式还出现在漏窗、园门、铺装、吉祥纹样等处。

第五十八回写到"芳官只穿着海棠红的小棉袄"。海棠红这种色彩不仅用在服装上，而且在陶瓷史上也是赫赫有名。宋代五大名窑之一的钧瓷，擅调此色，通过在釉中加入铜金属，经高温产生窑变，使釉色以青、蓝、白为主，兼有玫瑰紫、海棠红等，色彩斑斓，美如朝晖晚霞。

2. 《红楼梦》休闲娱乐活动中的海棠花文化

第三十七回大观园里成立诗社，宝玉说要起个社名，探春道："俗了又不好，特新了，刁钻古怪也不好。可巧才是海棠诗开端，就叫个海棠社罢。虽然俗些，因真有此事，也就不碍了。"之后，大家开始酣畅淋漓地做诗，吟完海棠诗又赛菊花诗，诗事层出不穷，屡出新意，诗情荡漾在大观园的各个角落。海棠结社，为大观园众才女雅人展露诗才提供了舞台，见证了大观园里最繁盛美好的时光，令后人无限向往。

曹雪芹在创作小说时选用海棠作为诗社名称绝不是一时兴起，非真如探春所言只是"可巧"了，而是有其深刻寓意。海棠花姿绰约而花期短暂，而贾芸所送的秋海棠又有

苦恋的花语，与太虚幻境薄命司所收录的园中女子的命运相契合。这里以海棠为社名，象征了园中女子青春易逝，年华难再。

第六十三回宝玉生日，怡红院夜宴祝寿，众人聚在一起占花名儿。该湘云抽签时，"湘云笑着，揎拳捋袖地伸手掣了一根出来。大家看时，一面画着一枝海棠，题着'香梦沉酣'四字，那面诗道是：只恐夜深花睡去。"花签上这句话，引自北宋文学家苏东坡的《海棠》，全诗如下："东风袅袅泛崇光，香雾空濛月转廊。只恐夜深花睡去，故烧高烛照红妆"。同样，第十七回贾政的请客提议蕉棠对植处题名为"崇光泛彩"的灵感也来自此诗。第十八回，宝玉所作《怡红快绿》一诗中有句"红妆夜未眠"，把海棠比喻为睡美人，是化用了此诗。

3.《红楼梦》神秘隐喻中的海棠花文化

第七十七回海棠枯萎应在晴雯身上，宝玉心有所触，认为天下有情有理的东西，极有灵验，像孔庙前的桧树、诸葛祠前的柏树、岳武穆坟前的松树，于乱世枯萎，治世茂盛，怡红院这株海棠，应人之预亡，故先就死了半边。

第九十四回，西府海棠本应在三月开花，怡红院的海棠突然在十一月盛开，众人议论纷纷，总体分为两派，以贾母为首的一派认为此乃吉兆，以贾赦为首的一派认为是花妖作怪。从后文的安排来看，海棠的反常开花真如花妖作怪，先是宝玉失玉，元妃薨逝，接着贾府遭查抄，"忽喇喇大厦倾"。自然界中海棠冬日开花虽不正常，但也不罕见，如2006年11月下旬，南京就有多处海棠花受忽高忽低气温的影响，出现果实与花朵同争艳的现象；园艺学家已掌握了让海棠反季节开花的催花技术，理论上可以使海棠在任何季节开花。即使在清代，贾母也认识到，应着小阳春天气和暖花开是有的。总体看来，前八十回作者对海棠死了半边的处理尚合情理，后四十回的作者对海棠开花这一自然现象的处理似有妖魔化的倾向。前八十回里，海棠是通情理有情义的，后四十回，不知怎的这海棠成了兴风作浪的花妖，同一植物在同一部书中存在如此大的差异。

第三节　花与《镜花缘》

古典名著《镜花缘》是我国清代继《红楼梦》之后又一部优秀的长篇小说。作者李汝珍从开始构思《镜花缘》到最后完稿，历时约20年。这是一部与花卉植物有着十分紧密关系的文学作品。

一、花是《镜花缘》的灵魂

《镜花缘》无论是故事的起因，还是众多才女佳人的名字，或是主要情节的发展演变都和花花草草相关。某种程度上说，花卉植物是《镜花缘》的灵魂。

第四章　花与中国文学

第四回《吟雪诗暖阁赌酒　挥醉笔上苑催花》讲了女皇武则天催花的故事。在一个寒冬飘雪的日子，武则天赏雪饮酒，乘着酒性下诏："明朝游上苑，火速报春知，花须连夜发，莫待晓风催。"总管百花的女神百花仙子恰好出游，不在洞府。众位花神无从请示，只好绽放花朵。玉帝因为百花仙子未曾禀报，竟然"任听部下，呈艳于非常之时，献媚于世主之前"，于是把百花仙子和其他九十九位花神，都贬到凡尘。百花仙子降生为秀才唐敖的女儿唐小山，这才有了后面精彩曲折的故事。

《镜花缘》中的女子的前世是花仙，所以她们大都有着如花的外貌。如六十四回中写卞家七姐妹"比花稳重，比月聪明"，孟家八姐妹"饱读诗书，娇艳异常"。六十五回中写蒋家六姐妹"丽品疑仙，颖思入慧"，董家五姐妹则"娇同艳雪，慧比灵珠"，吕家三姐妹"暖玉含春，静香依影"。六十六回中众才女参加殿试，武后细看时，"只见个个花能蕴藉，玉有精神，于那娉婷妩媚之中，无不带着一团书卷秀气，虽非国色天香，却是斌斌儒雅"。此外，《镜花缘》还通过百位花仙在神界所司之花的"花格"来与其转世后的人间化身的人格进行整体比照。

首先，杨、芦、藤、蓼、萱、葵、苹、菱、桃各花，在作者看来它们都是身微根浅，轻薄易凋之属，因此，在武则天命百花齐放之时，司这几种花的仙子首先逾旨开放，转世为人后，她们也多才华平庸、出生低微，如她们的科考名次都较低，多在最末等之列。此外，她们的性情也多浅薄庸俗。其次，牡丹、兰花、梅花、菊花、桂花、莲花、芍药、海棠、水仙、蜡梅、杜鹃、玉兰历来品格高雅，而十二位花仙子的品格也正如此，她们是最后应诏开放的，且转世为人后，她们也都有着绝世的美貌、高贵的性情、出众的才华。她们在才女榜上的名次都在"一等"之列，虽后因唐小山名字的缘故，她们的名次被整体后移十位，然作者在她们身上所寓的喜爱之情很明显。

二、尊花为师，呼花为友，唤花为婢

古人爱花，常常接花为客，拜花为友，尊花为师，封花为王，他们还经常根据花的不同习性分为不同的类别。《镜花缘》第五回《俏宫娥戏夸金盏草　武太后怒贬牡丹花》就提到了上官婉儿把三十六种花分为"十二师""十二友""十二婢"。

"所谓师者，即如牡丹、兰花、梅花、菊花、桂花、莲花、芍药、海棠、水仙、蜡梅、杜鹃、玉兰之类，或古香自异，或国色无双，此十二种，品列上等。当其开时，虽亦玩赏，然对此态浓意远，骨重香严，每觉肃然起敬，不啻事之如师，因而叫作花中'十二师'。"

"其次如珠兰、茉莉、瑞香、紫薇、山茶、碧桃、玫瑰、丁香、桃花、杏花、石榴、月季之类，或风流自赏，或清芬宜人，此十二种，品列中等。当其开时，凭栏拈韵，相顾把杯，不独蔼然可亲，真可把袂共话，亚似投契良朋，因此呼之为'友'。"

"再如凤仙、蔷薇、梨花、李花、木香、芙蓉、蓝菊、栀子、绣球、罂粟、秋海棠、夜来香之类，或嫣红腻翠，或送媚含情，此十二种，品列下等。当其开时，不但心存爱憎，并且意涉亵狎，消闲娱目，宛如解事小环一般，故呼之为'婢'。"

53

"惟此三十六种，可师，可友，可婢。其余品类虽多，或产一隅之区，见者甚少；或乏香艳之致，别无可观，故奴婢悉皆不取。"

以花卉植物作诗在古代是很风雅的事情，文人雅士经常按照事前商定好的规则以花卉为内容吟诗作赋。这种娱乐活动既可以考察人的才智文采，还能够增加欢乐，营造气氛。《镜花缘》第六回《众宰承宣游上苑 百花获谴降红尘》中就提到了这一活动："话说武后吩咐摆宴，与公主赏花饮酒。次日下诏，命群臣齐赶上苑赏花，大排筵宴。并将九十九种花名，写牙签九十九根，放于筒内。每掣一签，俱照上面花名作诗一首。"

第五章 中国传统工艺美术中的花草图案

中国的工艺美术，品类繁多，分布极广，造型和装饰纹样十分丰富，题材极为广泛，有花卉、林木、禽鸟、鱼虫、人物、兽畜、山川、石玉和历史、社会、文学、宗教、戏剧、风情、民俗等内容，它凝结着工艺家精巧构思和丰富理想，而作为大自然中最美好事物的花卉——则是中国工艺美术中最常出现的主要题材之一。我国历代工艺匠师，从周围那绚丽多姿的花花草草身上获得灵感，用自己灵巧的双手，创造了一朵朵既具装饰性的美感、又其丰富的象征寓意、巧夺天工、美轮美奂的工艺美术之花。

第一节 工艺美术中花草图案的历史渊源

早在大约八千多年前的新石器时代，我们先民烧制的碗、杯、盆、钵、罐、壶、瓶、盂、瓮等陶器上，就已经出现了叶纹、花纹等美丽的图案。在国内的出土文物中，还存有四千五百年前的云纹彩陶花瓶。1922年在河南新郑出土的春秋初期（公元前8世纪）文物中，有一青铜莲鹤方壶，说明早在二千七百余年前，就将莲花作为器皿装饰图案了。东汉以后，随着佛教的传入和盛行，象征圣洁的莲花、寓意灵魂不灭、轮回永生的忍冬等花卉，被发展成为各种日用器皿、装饰工艺和建筑艺术等的装饰题材，这些花纹图案，在南北朝时最为流行。南北朝时代发展起来的青瓷即以莲花作为装饰花纹，如1956年在湖北武昌南齐墓（公元485年）出土的青瓷莲花尊，造型之优美，色彩之光润无与伦比。

到了唐代，花卉图案，成为金银器、铜镜、玉器、瓷器、织锦、绢画等工艺品上的重要装饰题材。花卉种类出现最多的如牡丹、芍药、菊花、月季、莲花、佛手、石榴、桃花、百合等，构图繁简疏密，富丽华贵。弯曲成S形、繁生而连绵不断的蔓草纹在隋唐时期也特别流行，形象丰满，成为这一时期一种富有时代特色的装饰纹样，故后人称它为"唐草纹"。

五代、两宋花鸟画的大发展对这一时期工艺美术的创作产生了很大的影响，特别是北宋后期兴起的文人花鸟画，使得工艺美术上花卉图案的题材也出现了文人画中的代表种类，如梅、兰、竹、菊、水仙等，当然，牡丹、月季、莲花、百合等吉祥花草仍被广泛应用着。宋代的织锦制作之精，花色之富，十分可观，当时苏州的"宋锦"、南京的"云锦"、四川的"蜀锦"等，天下闻名，这些织锦上的花卉图案主要是"岁寒三友"、四季花卉、遍地杂花、荷花以及四川名花芙蓉等，真是锦上添花花如锦。在福州市北郊和江苏金坛两座南宋墓里挖掘出来的罗、绢、绫、纱等衣服上则主要是花卉图案。花朵图案最大的直径达12 cm，写实而奔放，完全摆脱了汉、唐提花细小规矩的风格，开创

了表现写实图案的提花工艺。这批南宋时的服装还有丰富多彩的花缘装饰，边缘装饰有印金、刺绣和彩绘等。印金多杂菊、山茶等小型花卉。刺绣的内容主要有水生花卉、蜻蜓、祥云、百花、梅花、山茶、缠枝牡丹等。彩绘主要有彩绘勾勒和描金敷彩两种，前者花纹内容较刺绣更丰富，有百花、虫蝶、卷叶、水陆花果、鱼藻和狮子戏彩球等；后者多用于襟边袖缘等小花边装饰，花纹单位狭小，多小型图案花卉。宋代的瓷器等许多其他工艺品上也多梅花等花卉图案。

明、清时代，工艺美术上的花卉图案除了表现文人趣味外，吉祥如意、宗教迷信等方面的内容也增加更多。在明代得到重要发展的雕漆工艺就有许多花卉题材的作品，但在明代初期，花卉题材多以整株大朵花为主，如牡丹、茶花、玉兰、荷花、秋葵、玉簪这些花卉的雕刻，花卉肥厚，枝叶茂盛，常常是几朵大花之中，有几个花蕾陪衬。著名的明永乐款雕漆孔雀牡丹纹盘，其盘心就盛开着大朵的牡丹花，一双孔雀在花丛中展翅飞翔，栩栩如生，充满活力。这些花卉图案的作品，多以黄色漆作底，不刻锦纹，显得明快醒目，主题突出。而在明宣德以后，艺术风格发生了转变，花纹图案趋向纤巧细腻，构图严谨，至嘉靖、万历年间，已成为整个时代的特征。这时候的花卉图案，整株大花朵已十分少见，而代之以折枝小花为主，如"杏林春燕""梅花寒雀"等多表现局部枝干，在各种花卉图案下面，多刻锦底，似有锦上添花之妙。这一时期的雕漆作品，如剔红松竹梅纹盒，盖面图案于波涛之中立着三根石柱，松、竹、梅盘根错节，缘石而上，协调地组成福、禄、寿三字，表明吉祥如意也是花卉工艺表现的内容之一。

明清时期，"踏雪寻梅""东篱赏菊"等表现文人士大夫悠闲生活的内容也是工艺美术品的常见题材，特别是与文人墨客的生活关系密切的工艺品，如宜兴紫砂陶器皿、花盆、砚台、笔筒、折扇面上饰以梅、兰、竹、菊或诗句刻画，更符合文人墨客的所谓"逸气"。

新中国成立后，工艺美术园地"百花齐放，推陈出新"，花卉图案被更为广泛地应用于工艺美术创作之中，如工艺画，玉、牙、木、石雕刻品，织绣实用品，编织工艺品，陶器，瓷器，玻璃料器，漆器，金属工艺品，以及剪纸、贝雕、扇子、花灯等民间工艺品，均可发现无数种多姿多彩、精美绝伦的花卉工艺品。例如，江西景德镇的梅花薄胎瓷、湖南醴陵的百花瓶（釉下彩）、河南郑州的松梅独玉盆景、湖南的菊花石雕、南京的牡丹花云锦、扬州的花卉剪纸（特别是剪纸菊）和漆器、四川重庆的荷花圆坐盘漆器都是以花卉为题材的工艺美术珍品。

第二节　传统工艺美术中常见的花草图案

中国工艺美术中出现的花卉图案，无论是何种形式，几乎都寄寓了吉祥的内容，大体上就是多福长寿，人品高洁，百事如意等，也就是福、禄、寿、喜、财、洁、顺、吉八个字。这也是我国长期封建社会所形成的一种社会观念形态，一种人们慕求的理想。正因为这些花卉吉祥图案能给人们对美好生活的向往带来精神上的愉悦，所以在民间深

第五章 中国传统工艺美术中的花草图案

受喜爱,几千年来一直在民间装饰美术中流行,应用也极广,无论是雕刻、织绣、绘画、印染,还是陶瓷、漆器、编织、剪纸,抑或其他工艺品,都有着特殊的地位。许多中国的奇花异果佳卉,例如:梅、竹、松、兰、水仙、菊花、玫瑰、莲花、萱草、牡丹、藻纹、月季、百合、杜鹃、玉兰、桃花、蔷薇、杏花、椿花、灵芝、石榴、佛手、桂花、忍冬、枫叶、葡萄、蔓草等,它们各自单一的自然形态,经过艺术加工和抽象变形,本身就可直接构成吉祥图案;也可与各种动物、鸟类等吉祥物,或是由多种花卉的组合,构成复合型的吉祥图案,以表达更为复杂、宽广的主题。

现将中国传统工艺美术中常见的由多种花卉组合而成的吉祥图案介绍如下:

凤戏牡丹:在中国人的理念中,凤与牡丹自古以来一直是吉祥之物。把牡丹与凤凰放在一起,构成凤戏牡丹的图案,更增添了凤鸟的优美情趣,寓意丹凤呈祥,如图 5.1 所示。

图 5.1 凤戏牡丹

富贵万年:是由牡丹、桂花、万年青三种瑞草借谐音手法组成的吉祥图案。它表示人们对生活永远富裕、幸福的祈求,如图 5.2 所示。

图 5.2 富贵万年

喜鹊登梅：在中国传统习俗上，喜鹊被认为是一种报喜的吉祥鸟。梅开百花之先，是报春的花。所以喜鹊立于梅梢，构成吉祥图案，亦即将梅花与喜事连在一起，表示"喜上眉梢"，如图 5.3 所示。

图 5.3　喜鹊登梅

锦上添花：锦即是有彩色花纹的丝织品，在美丽、华贵的锦上再添上花朵，比喻美上加美、好上加好，如图 5.4 所示。

图 5.4　锦上添花

第五章 中国传统工艺美术中的花草图案

玉堂富贵： 由玉兰、海棠与牡丹构成图案，借"玉"字、"棠"与"堂"谐音、牡丹与"富贵花"同物，组合为"玉堂富贵"之意，赞美府第辉煌富贵，如图 5.5 所示。

图 5.5 玉堂富贵

万事如意： 灵芝仙草在中国传统装饰中亦常作"如意"的象征。该图案由一盆万年青和灵芝组成，表示一切事情都很顺利称心。此外，民间还常以灵芝与百合、柿子组成"百事如意"；灵芝与荷花、盒子组成"和合如意"，如图 5.6 所示。

图 5.6 万事如意

59

松鹤长春：鹤与松在中国的传统习俗中都是长寿的象征，亦称千岁鹤，不老松。因此松鹤图在装饰上是寓意永远年轻长寿，如图 5.7 所示。

图 5.7 松鹤长春

春光长寿：图案由山茶、绶带鸟组成。山茶花在这里比喻春光。绶带鸟取"寿""代"谐音。"春光长寿"寓意代代青春不老、健康长寿，如图 5.8 所示。

图 5.8 春光长寿

第五章 中国传统工艺美术中的花草图案

白头富贵：在中国的传统装饰上，牡丹花常以富贵的象征与其他纹样组合成各种吉祥图案。"白头富贵"即是由牡丹和白头鸟组成。白头鸟的眉及枕羽白色，有"白头翁"之称。在中国民间常把它比作夫妻恩爱，白头到老。故图案"白头富贵"即是夫妻长寿恩爱、富贵美好的象征，如图5.9所示。又如把象征长寿的寿山石与牡丹组成图案"长命富贵"，亦是对人们的祝福。

图 5.9　白头富贵

长春白头：图案由月季花、寿山石、白头翁组成。月季花四季常开，"长春白头"象征和谐幸福的家庭生活，同上有夫妻恩爱，白头偕老的寓意，如图5.10所示。

图 5.10　长春白头

贵寿无极：延伸不断的蔓藤上串缀着牡丹与灵芝的图案，借以表示富贵与长寿犹如蔓藤的生长那样旺盛，那样永久，如图5.11所示。

图 5.11　贵寿无极

天仙拱寿：图案由南天竹、水仙、蜡梅、绶带鸟组成。水仙与南天竹组合谐音"天仙"，蜡梅表现寒冬腊月里灿烂馨香的姿韵，绶带鸟谐音"寿"，寓意似天仙般年轻、美貌、长寿，如图5.12所示。

图 5.12　天仙拱寿

第五章 中国传统工艺美术中的花草图案

鹿鹤同春：图案由桐、鹤、鹿组成。"桐"与"同"同音。"同春"，像春天一样美好。"鹤""鹿"都是瑞兽，隐喻"禄""寿"。"鹤鹿同春"寓意福寿双全。鹿鹤同春又名六合同春，六合是指天地四方，亦泛指天下。六合同春便是天下皆春，万物欣欣向荣。以"鹿"取"陆"之音，"鹤"取"合"之音，"春"的寓意则取花卉，组合起来构成"六合同春"吉祥图案。在明代，有以六鹤来表现的。如图5.13所示。

图 5.13 鹿鹤同春

百年好合：把荷花、盒子、百合、万年青这四种吉祥物组合成图案，借谐音手法，寓"百年好合"之意。祝贺新婚夫妇和和美美、百头到老，如图5.14所示。

图 5.14 百年好合

和和美美：中国民间有和气生财之说。图案借谐音手法，把荷花与梅花组在一起，以表示和和美美能给你带来生意兴隆，事业发达，如图5.15所示。

图 5.15 和和美美

竹梅双喜：图案由竹、梅、喜鹊组成。竹、梅，比喻"青梅竹马"，两只喜鹊喻"双喜"。图案"竹梅双喜"寓意，即两小无猜，结为伴侣，夫妻恩爱，婚姻美满幸福，如图 5.16 所示。

图 5.16 竹梅双喜

万象更新："一元复始，万象更新"是过去岁末年初时除旧迎新的一句成语。图案上是一只大象，背驮着一盆万年青，象征财源不断，时运好转，亦是民间喜爱的吉利词，如图 5.17 所示。

第五章 中国传统工艺美术中的花草图案

图 5.17 万象更新

连年有余：由莲花和鲤鱼组成的吉祥图案，借"莲"与"连""鱼"与"余"谐音，故称作"连年有余"。表示对生活优裕、财富年年富余的愿望或祝愿，如图 5.18 所示。

图 5.18 连年有余

一路莲科：鹭在古代也属吉祥鸟，它曾是六品文官的服饰标记，在装饰上应用亦很多。"鹭""芦（苇）"都与"路"谐音，"莲"与"连"谐音，把鹭鸟与芦苇、莲花组成的一幅美丽的水禽图，在吉祥图案中是寓意事业顺达、考场登科。此外，若把鹭鸟与芙蓉花（荷花别名）组成图案，则可表示对即将外出的人最良好的祝愿。愿您在整个人生和事业的道路上，伴随着无限幸运、富贵与荣耀，即"一路荣华"，如图 5.19 所示。

65

图 5.19　一路莲科

一品清廉：一枝清莲，亭亭出于水中。图中莲花那端庄素雅的容貌、美好峻拔的姿态，不失一品之高贵。荷花"出淤泥而不染"的品格，正是高洁、清正美德的象征。图案"一品清莲"即以莲花的品质，且"莲"与"廉"谐音来比喻为官的廉洁清正，如图 5.20 所示。

图 5.20　一品清廉

第五章 中国传统工艺美术中的花草图案

尚书红杏：宋代人宋祁，官至工部尚书，他因有咏杏名句"红杏枝头春意闹"而被后人称为"红杏尚书"。又因杏花别名"及第花"，"尚书红杏"即借此典故，用书作尚书的象征，与红杏构成一幅吉祥图案，寓意科举顺利、及第有望，如图5.21所示。

图 5.21 尚书红杏

杏林春燕：图案主要由杏花、燕子组成。"杏林春燕""誉满杏林"等语称颂医家，也是对多行好义、道德学问高尚的人的赞扬，如图5.22所示。

图 5.22 杏林春燕

玉树芝兰：出自成语，比喻有出息的子弟。图案把兰草与玉兰配合在一起，它们品性高洁名贵，为花卉中之上品，以谐音手法，夸赞有优秀子弟的人家。此外，因玉树是

67

槐树的别名，因此也有用槐树与兰草来构成这一主题图案的；也有将兰草、玉兰与灵芝组合在一起的，如图5.23所示。

图5.23 玉树芝兰

四季平安：在中国传统装饰上，花瓶因谐"平"之音被作为驱邪得福的象征。月季是四季常开之花，又有和平幸福的寓意，故这一由花瓶和月季组成的图案，是表示对四季安泰这一良好愿望的祈求。民间爱用竹来象征除邪恶报平安，故用竹与花瓶又可组成吉祥图案"竹报平安"，以祈求旅行外游的人安泰无恙，如图5.24所示。

图5.24 四季平安

本固枝荣：图案中莲花盘根错节，枝叶花茂盛，寓意根基坚实，事业兴盛。本固枝

第五章 中国传统工艺美术中的花草图案

荣成为中国的一句成语,民间多用于表示对生意兴隆,经营有方的赞扬,如图 5.25 所示。

图 5.25 本固枝荣

兰桂齐芳:芝兰和丹桂在古时比喻子侄辈。盛开的芝兰、丹桂一齐散发芳香,本固枝荣喻子孙发达,都能荣耀富贵,如图 5.26 所示。

图 5.26 兰桂齐芳

君子之交:兰草是花中君子,灵芝是一种仙草,礁石坚固。将这些吉祥之物组成图案,应用谐音和比拟的手法,即兰——君子,芝——之,礁——交,"君子之交",以象征高尚的友谊,如图 5.27 所示。

图 5.27 君子之交

四君子:"梅,剪雪裁冰,一身傲骨;兰,空谷幽香,孤芳自赏;竹,筛风弄月,潇洒一生;菊,凌霄自得,不趋炎热。合而观之,有一共同点,都是清华其外,淡泊其中,不作媚世之态。"(梁实秋《四君子》)。由于梅、兰、竹、菊都有不畏严寒、刚直不阿的高洁品格、谦虚正直的君子风度,在群芳中被誉为"花中四君子",为世人所敬慕,故常用作吉祥图案,如图 5.28 所示。

图 5.28 四君子

岁寒三友:坚韧不拔的青松、挺拔多姿的翠竹、傲雪报春的冬梅,虽系不同科属,却都有不畏严霜的高洁风格。它们在岁寒中同生,历来被中国古今文人所敬慕,因此,松竹梅被誉为"岁寒三友",以此比喻忠贞的友谊。这三者构成的图案,被广泛应用于绘画、装饰图案和园林花木配置中,如图5.29所示。

图 5.29 岁寒三友

春兰秋菊:春天的兰花高洁清雅,秋天的菊花隽美多姿,图案春兰秋菊是比喻姿色不同,各擅其美,如图5.30所示。

图 5.30 春兰秋菊

春花三杰:古人有称梅花为国魂,牡丹为国花,海棠为花中神仙之说,三者都是传统名花,又是春花中的佼佼者,故有"春花三杰"之称,如图5.31所示。

图 5.31　春花三杰

香花三元：兰花、茉莉、桂花都是以香著称的花卉。用品香的浓、情、远、久四项标准来衡量均堪称上品。在中国传统名花中，兰又可称为观赏花卉中的状元，茉莉是熏茶花卉中的状元，桂花是食品配料中的状元。因此而将兰花、茉莉、桂花习称为"香花三元"，为工艺美术中常用图案之一。如图 5.32 所示。

图 5.32　香花三元

第五章　中国传统工艺美术中的花草图案

蔓草：即蔓生的草。由于这类植物的茎蔓滋长延伸、连绵不断，因此人们寄予它们有茂盛、长久的吉祥寓意。蔓草形象很美，随时代发展富有众多变化，逐渐取代了早期的忍冬纹而广泛用于各种装饰上。蔓草纹在隋唐时期特别流行，形象更显丰美，成为一种富有特色的装饰纹样，后人称它为"唐草"，如图5.33所示。

图 5.33　蔓草

皮球花：又称为小团花，是一种用各种花卉构成的不规则的呈放射状或旋转式圆形纹样。圆内饰纹有的充实华美，有的秀丽清雅，犹如一只只瑰丽多彩的小球，玲珑妩媚，人们爱用它来表达对生活的喜悦情感。明清时已普遍用作器物上的装饰，多见于织绣服装和瓷器装饰上，如图5.34所示。

图 5.34　皮球花

宝相花：又称宝仙花、宝莲花，汉族传统吉祥纹样之一。是魏晋南北朝以来伴随佛教盛行的流行图案。纹饰构成，一般以某种花卉（如莲花、牡丹、菊花）为主体，中间镶嵌着形状不同、大小粗细有别的其他花叶。它从自然形象中提取了花朵、花苞、叶片

73

并将之完美变形,经过艺术加工组合而成。宝相,是佛教徒对佛像的庄严称呼。宝相花即是象征吉祥、美满之意的花,如图 5.35 所示。

图 5.35　宝相花

正午牡丹:图案由牡丹和猫组成,有些还有蝴蝶。牡丹向来比作花中之王,具丰腴之姿、有富贵之态。初夏正午是牡丹开得最鲜艳之时。活到八九十岁的长寿老人,俗称"耄耋"。"猫""蝶"与"耄""耋"谐音。正午牡丹隐喻福寿双全,如图 5.36 所示。

图 5.36　正午牡丹

第五章　中国传统工艺美术中的花草图案

河清海晏：图案由海棠、燕子、荷花组成。海棠取"海"字。"燕"与"晏"同音。晏，安也。河清，《拾遗记》："黄河千年一清，清则圣人生于时也。"《宋史·包拯传》："拯立朝刚毅，贵戚宦官，为之敛手，闻者皆惮。人谓包拯笑比黄河清。""河清海晏"寓意时世升平，天下大治。如图 5.37 所示。

图 5.37　河清海晏

第六章　中国各民族传统花卉节日与花习俗

第一节　我国传统花习俗

一、春节

春节是中国传统节日，用花也富有传统意味。古人画中有"出家除夕无他事，插了梅花便过年"，宋代王安石也有诗句"爆竹声中一岁除，春风送暖入屠苏。千门万户曈曈日，总把新桃换旧符。"祈求新年兴隆，可选用富贵的牡丹、驱邪的桃花、报平安的竹、谐音"岁岁平安"而表穗稻以及春季的时令花材，借此烘托喜气洋洋、欢乐祥和的新年气氛。

在广州等地，人们春节过年时普遍都会买上几枝桃花回家，然后将家里一年才用一次的大瓷花瓶拿出来，摆在客厅最显眼的地方，把精心挑选的桃花插上；有的人还在花瓶口再插上一些菊花、芍药花（俗称"花脚"），还有些人还会在桃花上挂上彩灯、红包等装饰。

另外，一般家里还会摆上一盆金橘，有些人喜欢果型圆的四季橘，也有些人喜欢果型椭圆的金橘。家里厅堂阔大的摆盆大的，地方浅窄的就摆盆小的，真的是各"吉"入各屋。有兴趣的人还会在橘子盆上贴上挥春，有只写"大吉"二字的，也有写"大吉大利"的；还有些人喜欢在盆橘上挂上红包，也是取其大吉大利之意。经这一摆，春节的节日气氛也出来了。

到底人们为什么要在春节插桃花与摆橘子呢？据介绍，春节插桃花乃广东人的传统习俗，所谓"一树桃花满庭春"，一株靓桃花插在厅堂里，满树星红，确实增添不少春色；商家寓意"花开富贵""宏图大展"，家庭祝愿"如意吉祥"，青年人祈望"行桃花运"（能找到有情人），因而是传统家庭 春节插花的首选，不但居家喜爱，各大宾馆酒楼春节也必以一株大桃花装点门庭，桃花几乎成了广东人的春节"圣诞树"。

至于摆金橘，粤语中"橘""吉"同音，"金吉"者，橘为吉，金为财，金橘也就有了吉祥招财的含义。所以，一直以来金橘都是广东一带最好的贺岁物品，金橘树可以摆在家中，也可以作为贺礼，拜年用的果篮里也放上一些金橘，这世上有什么比送金送吉更好的祝福呢？

与金橘同类的四季橘、金蛋果、朱砂橘等，同样能起到这个作用，所以一般家庭只选购其中一种。与其相类似的还有代代果，寓意代代繁昌；佛手果，形似指掌，犹如信徒虔诚膜拜，飘逸肃穆，深为善男信女所垂青。需要注意的是，选购盆橘时一定要挑选果满（因果疏有"凶多吉小"之意）、果色要红润、枝叶要碧绿，不要有黄叶。

如今，春节插桃花、摆金橘的风俗，不但广东流行，全国各地以及海外华人也都很风行。

此外，在我国水仙花常常作为"岁朝清供"的年花，还有蝴蝶兰、大花蕙兰、国兰、富贵竹、蜡梅、银柳等都是春节期间上好的摆花。

二、端阳节

"五月五，是端阳。门插艾，香满堂。"在我国古代艾草一直是药用植物，它代表招百福避邪魔，可使身体健康。针灸里面就是用艾草作为主要成分，放在穴道上进行灼烧来治病，另外民间也有在房屋前后栽种艾草求吉祥的习俗。端午节是我国的传统节日之一，正值夏季前后，天气比较炎热，需要消灭害虫和防止疾病，端午节的用花习俗就与驱毒避瘟有关。端午节民间在门口挂艾草、菖蒲（蒲剑）或石榴、胡蒜，通常是将艾、榕、菖蒲用红纸绑成一束，然后插、悬在门上。菖蒲因为剑形叶好似传说中钟馗的宝剑，插在门口用以驱邪避凶，后来则引申为"蒲剑"可以斩千邪。民间还认为榕枝可使身体矫健，"插榕较勇龙，插艾较勇健"；也有的地方认为胡蒜除邪治虫毒；山丹方剂治癫狂；榴花悬门避黄巢（这还有一段典故）。

三、中秋节

中秋节又名仲秋节，是中国的主要节日之一。每逢中秋月明，一树树桂花相继开放，更送来淡淡幽香。在花好月圆之际，遥望皎洁的明月，品尝香甜的桂花，佐以桂花酒、桂花茶、桂花月饼等传统美食，追寻"嫦娥奔月""吴刚伐桂"的优美传说，实在是中国独有的良辰美景。也是天各一方的亲人或有情人遥寄相思的日子，"海上生明月，天涯共此时。情人怨遥夜，竟夕起相思。"（唐·张九龄《望月怀远》）

四、重阳节（菊花节）

菊花黄，黄种强；菊花香，黄种康；九月九，饮菊酒，人共菊花醉重阳。

重阳节也叫菊花节、茱萸节等，与除夕、清明、中元节三节统称中国传统四大祭祖节日。重阳节早在战国时期就已经形成，自魏晋重阳气氛日渐浓郁，备受历代文人墨客吟咏，到了唐代被正式定为民间的节日，此后历朝历代沿袭至今。1989年农历九月九日被定为老人节，倡导全社会树立尊老、敬老、爱老、助老的风气。2006年5月20日，重阳节被国务院列入首批国家级非物质文化遗产名录。

过去人们在重阳节用菊花辟邪，而后逐渐演变成为祈求长寿、登高怀乡的活动。到北宋，人们赏菊成风，连酒家都无一例外地以菊花装饰门面来招揽顾客；至清代，则有重阳朝廷宴赐百官的举动，吃菊花糕含义逐渐由辟邪、求高寿演化为"百事俱高"。饮菊酒则在文人中蔚然成风。人们在菊花生长季节采其茎叶，与黍米和在一起酿酒，再保留到第二年重阳饮用。这种风俗自汉朝开始，到清代末年，一直盛行不衰。每到重阳来临，文人无不呼朋唤友，登高抒怀，饮酒赋诗，留下许多著名诗篇。"强欲登高处，无人送酒来。遥怜故园菊，应傍战场开。"（岑参《行军九日思长安故园》）尽管身处紧张的行军途中，诗人却仍念念不忘重阳节登高，不忘菊花酒和赏菊，甚至幻想菊花能开遍战场旁。可见，重阳赏菊饮菊酒的民俗在古代文人的意念中是何等根深蒂固，甚至"无菊无酒不重阳，不插茱萸不过节"。

通常重阳节有赏秋、登高、饮菊花酒、佩茱萸、祭祖、赏菊花6项活动。重阳节，落木萧萧下，群芳纷纷谢，此时只有菊花，盛放傲人娇姿，独揽天地秋意，所以，当中国文化中提起重阳的时候，就必与菊花紧密相连。比如孟浩然唐诗里写"待到重阳日，还来就菊花"，与友人把盏对菊、共话重阳；而李清照的宋词写"佳节又重阳，玉枕纱厨，半夜凉初透。东篱把酒黄昏后。有暗香盈袖。莫道不消魂，帘卷西风，人比黄花瘦"，清冷孤节，一人挨过，她也要把酒菊花丛，愁饮菊花香。所以，在独属于菊瓣长长的重阳深秋，菊花与重阳活动形影不离，重阳与菊香飘摇融为一体。

此外，我国自古民间还有春天折梅赠远、秋天采莲怀人等习俗；还有折柳赠别、萱草忘忧等传统，无不内涵丰富、寓意深刻。各地还有簪花、食花、面花等花习俗。

第二节　花朝节与花神文化

一、花朝节

花朝节相传为百花生日，与正月十五上元节、五月五端午节、八月十五中秋节、九月九重阳节等并称为民间岁时八节。花朝节起源于春秋时期，花朝节习俗初步形成于晋代，在我国至少有两千多年的悠久历史。游憩赏花是花朝节重要的习俗。南北朝时期江南地区的诗歌中也有"花朝"出现，例如南朝梁元帝的《春别应令诗》有云："花朝月夜动春心，谁忍相思不相见。"可见此时花朝节已开始流行。

唐代明确以二月十五为花朝节，唐代花朝节上除了赶庙会祭祀花神和踏青赏花，还增添了赋诗吟咏、聚宴饮酒、挑菜入膳、制作与品尝花糕等习俗。

宋代花朝节的具体日期在不同地区有所不同。西京洛阳以农历二月二为花朝节。东京汴梁（今开封）以农历二月十二为花朝节，而江南地区至今依旧沿袭二月十五为花朝节的传统。花朝节日期的变异，可能源于各地不同时期所栽植的花木种类和物候有差异，春季最佳赏花期有早有晚，因而各地花朝节日期不一致，但都在农历二月内仲春时节。

第六章 各民族传统花卉节日与花习俗

二、花神文化的形成过程

花卉被人格化，并逐渐走向神化，从而有了"花神"的称谓。花朝节是花神文化的重要载体。随着中华文明的不断发展演变，花神的人物形象逐渐丰富饱满，花朝节也不仅限于祭祀花神，又形成和发展了众多与花卉相关的习俗，进入了其发展的高峰期。

古希腊神话中有花神弗洛拉掌管世间所有花卉，中国传统文化有花神。在中国传说中最早的花神是女夷，据《淮南子·天文训》记载："女夷鼓歌以司天和，以长百谷、禽鸟、草木。"而根据佛教故事，民间封迦叶为总领百花的男性花神。此外还有道教上清派开派祖师魏夫人及弟子花姑是花神的说法。很多历史、传说中乃至于文学作品里的美丽女子，因其喜爱某一种花卉，并流传下与此种花卉相关的风雅韵事，因而被文人雅士赋予花神的名号，并司职掌管此花，例如杨贵妃为杏花花神、西施为荷花花神等。文人雅士中的代表人物也因对某一种花卉的钟爱，创作赞美花卉的诗词文章，并借花表达个人的审美情趣、人格气节，他们也被尊为花神，例如李白为牡丹花神、陶渊明为菊花花神。明末黄周星在《将就园记》中说："有花神，主祀百花之神，而以历代才子、美人配享焉。"这些在民间深受尊敬、同情和喜爱的人物，成为特定花卉的象征，最终被奉为花神，其美丽形象或高尚的道德情操也随花神文化流传至今。

在传世的明清瓷器、木雕等文物，以及很多古老的年历、年画等民俗工艺品中有很多题材涉及花神，其中出现最多的题材是"十二花神"。谈到"十二花神"，首先要解释"月令"和"花月令"。所谓"月令"本意是指农历某月中的气候、时令。民间将天象、物候等自然规律及祭祀礼仪、农业生产操作、人民生活习俗按月归类总结，而统治阶级为维护其统治，将这些规律和活动定为政令以施行。正如汉代蔡邕在《月令篇名》指出："因天时，制人事，天子发号施令，祀神受职，每月异礼，故谓之月令。"最早的月令相传源自夏代的《夏小正》，据研究《夏小正》原书为十月历。而影响最大的月令是《礼记·月令》，此书按十二月历。"花月令"是民间将一年四季中一些主要花卉的开花、生长状况，以诗歌或者经文的形式记录下来，读之朗朗上口，便于记忆，利于花事、农事。《夏小正》中也记载了少量花月令："正月……梅、杏、杝桃则华。杝桃，山桃也。"《礼记·月令》记载了更多的花月令："仲春之月……始雨水，桃始华；季春之月……桐始华；季秋之月……鞠有黄华。"上述关于二月桃花、三月梧桐花、九月菊花的物候规律与当代中原地区的农历物候规律基本吻合。

"十二花神"是指一年的12个月，每月有一种当月开花的花卉，谓之月令花卉，而每月有一位或多位才子、佳人被封为掌管此月令花卉的花神。"十二花神"是流传民间的民俗题材，版本很多，花神人物形象众多，没有官方的或权威的版本。但随着历史的发展变迁，十二月令花卉的种类和顺序也有差异，见表8.1（李菁博等，2012）。

从表 8.1 可见，"十二花神"所掌管的月令花卉都原产于中国，栽培历史悠久，被广大人民群众所熟悉并喜爱，同时被历代文人雅士赞颂。这十二月令花卉的排序符合我国大部分地区的物候规律。我国自元代至明代逐步形成传统名花，包括兰花、海棠、月季、牡丹、芍药、荷花、桂花、石榴、菊花、梅花、山茶、水仙；中华人民共和国成立后评选的"十大名花"为梅花、牡丹、菊花、兰花、月季、杜鹃、茶花、荷花、桂花、水仙等。传统名花及当代"十大名花"与上述十二月令花卉存在差异，这可能是花卉文化及花卉产业随历史发展而变迁的结果。

表 8.1 民间流传"十二花神"版本汇总表

农历月份	月令花卉	女性花神	男性花神
正月	梅花	〔南北朝〕寿阳公主、〔唐〕江采苹（又称梅妃）	〔北宋〕林逋、柳梦梅①
二月	杏花	〔唐〕杨贵妃	〔东汉〕董奉、〔上古〕燧人氏
二月	兰花②	〔南北朝〕苏小小	〔战国〕屈原
三月	桃花	〔春秋〕息侯夫人妫氏、〔元〕戈小娥	〔北宋〕杨延昭、〔唐〕皮日休、〔唐〕崔护
四月	牡丹	〔西汉〕丽娟、〔东汉〕貂蝉、〔唐〕杨贵妃	〔唐〕李白、〔北宋〕欧阳修
四月	蔷薇	〔西汉〕丽娟、〔南北朝〕张丽华	〔西汉〕汉武帝
五月	石榴	〔西汉〕卫子夫	〔唐〕钟旭、〔西汉〕张骞、〔南北朝〕江淹、〔唐〕孔绍安
五月	芍药		〔北宋〕苏轼
六月	荷花（或莲花）	〔春秋〕西施、〔唐〕晁采	〔北宋〕周敦颐、〔南北朝〕王俭
七月	秋葵	〔西汉〕李夫人	〔南北朝〕鲍明远、〔东晋〕谢灵运
七月	玉簪	〔西汉〕李夫人	
七月	凤仙花		〔西晋〕石崇
七月	鸡冠花		〔南北朝〕南陈后主陈叔宝
八月	桂花	〔唐〕徐贤妃（徐惠）、〔西晋〕绿珠	〔五代〕窦禹钧（也称窦燕山）、〔南宋〕洪适
九月	菊花	〔西晋〕左贵嫔（又称左芬）	〔东晋〕陶渊明
十月	芙蓉花	〔五代〕花蕊夫人、〔北宋〕谢素秋	〔北宋〕石曼卿
十一月	山茶花	〔西汉〕王昭君	〔唐〕白居易
腊月	水仙花	〔上古〕娥皇、〔上古〕女英、〔东汉〕洛神、凌波仙子①	〔春秋〕俞伯牙
腊月	蜡梅	〔北宋〕佘太君（也称老令婆）	〔北宋〕苏东坡、〔北宋〕黄庭坚

注：① 出自《牡丹亭》的柳梦梅和传说中的水仙花神凌波仙子，无朝代可考；② 兰花比较特殊，一年四季均有不同种类的兰花开放，在不同版本的"十二花神"中，兰花分别出现在农历正月、二月、七月和十月，在这里暂且将兰花放在二月。

民间广泛流传的花神中女性形象占多数，包括古典"四大美人"中杨贵妃、西施、

第六章 各民族传统花卉节日与花习俗

王昭君3位,这些女性形象深受百姓的喜爱、同情和怜悯,她们与所对应花卉的故事传说也是流传甚广。"回眸一笑百媚生,六宫粉黛无颜色"的杨贵妃在安史之乱中含恨自缢于马嵬坡。此时正逢杏花盛开时节,大风吹来,美人香消玉殒,杏花花瓣漫天飞舞,杨贵妃由此化身为二月的杏花花神。三月桃花花神是战国时代的息侯夫人妫氏,因其面似桃花而被赞美为桃花夫人,也因此引起多国兵祸连连,息侯夫人自身也未能逃脱红颜薄命的悲惨结局。晚唐时期的杜牧作《题桃花夫人庙》以凭吊她:"细腰宫里露桃新,脉脉无言度几春;毕竟息亡缘底事,可怜金谷坠楼人。"从此推断在唐代息侯夫人就可能已经被神化为桃花花神,并建庙以受供奉、祭祀。生活在吴越之地的西施浣纱、采莲的形象深入人心,自然成为六月荷花花神的最佳人选。"北方有佳人,绝世而独立。一顾倾人城,再顾倾人国"(《汉书·外戚传》),描写的是汉武帝宠妃李夫人绝色美丽,倾国倾城,但是红颜早逝,就如同秋葵花一样,花大艳丽,但花期短暂,所以民间封她为七月秋葵花神。

传说舜帝南巡驾崩后,娥皇与女英双双殉情于湘江,化为湘水之神,所以这对姐妹被封为水仙花神。而将洛神也封为水仙花神的缘由也与此类似。宋代刘邦直诗云:"钱塘昔闻水仙庙,荆州今见水仙花。"可见早在宋代,浙江杭州一带的水仙花农就已建庙祭祀水仙花神。中国水仙花之乡福建漳州一直流传着凌波仙子的传说。在以花卉为绘画题材的清代官窑瓷器中,凡涉及水仙花,通常要配上无法考证出处的两句描写水仙花神凌波仙子的诗:"春风弄玉来清画,夜月凌波上大堤。"此外,由于历史变迁,少数女性人物的逸事已被淡忘,她们在百姓中知名度不高,例如有"赛桃夫人"之称的戈小娥、《红梨记》中的风尘女子谢素秋,自然也无法成为被广泛认可的花神。

男性花神主要以爱花的文人雅士为主,因爱花而赞美花,留下脍炙人口的诗句和文章。例如盛唐时期李白写下"云想衣裳花想容,春风拂槛露华浓"等赞美牡丹的名句,使其成为牡丹男性花神的第一人选。同时李白的浪漫主义诗歌风格和"安能摧眉折腰事权贵,使我不得开心颜"的豪放、洒脱的性格,恰与牡丹"焦骨丹心"的雅号相呼应。传说牡丹不奉武则天"明朝游上苑,火急报春知。花须连夜发,莫待晓风吹"的诏谕,遭受烈火焚烧,故有"焦骨丹心"之说,并从长安被贬到洛阳,最终成就了"洛阳牡丹甲天下"的美名。宋代欧阳修因撰写《洛阳牡丹记》,翔实记录了牡丹的栽培技术和24个牡丹品种的由来及形态特征,为弘扬牡丹文化做出了重要贡献,也成为牡丹男性花神之一。还有大家所熟悉的《爱莲说》作者周敦颐为荷花花神;"滋兰九畹,树蕙百亩"的屈原为兰花花神;"采菊东篱下"的陶渊明为菊花花神;写作《桃花赋》赞美桃花的皮日休,成为桃花男性花神之一;因"去年今日此门中,人面桃花相映红;人面不知何处去?桃花依旧笑春风"闻名,并留传下人面桃花千古姻缘的唐朝风流才子崔护,也被封为桃花花神。

一些历史人物虽没留下经典的诗文,但因流传下经典的爱花故事也被尊为男性花神。例如隐居山林"以梅为妻,以鹤为子"的林逋,因其对梅花执着的热爱而化身为梅花花神;王俭爱荷花,在建康(今南京)为官时于府内建荷花池,留下了"莲花幕下风流客"的美名,即是说当王俭的幕僚也像荷花一样有品位、风流儒雅。故王俭被封为六月荷花花神;栽杏成林的杏林始祖董奉,使"杏林"成为医界的代名词,他悬壶济世,

81

不计名利,最终誉满杏林,因此被尊为杏花花神也是实至名归。还有一些历史人物,虽然与花卉无直接的关联,但是他们的事迹、品行恰与人们赋予花卉的花格一致,因此被尊为花神。杨延昭智勇双全,精忠报国,镇守边关数十年,驱除外敌侵犯,这与桃花驱邪镇妖的作用有异曲同工之妙,所以民间为敬重这位戍边卫国的功臣而尊他为三月桃花花神。"十二花神"年画中常描绘杨延昭在桃树下操枪练武的场景。

"桂"与"贵"同音,因而桂花代表富贵,五代时期侍郎冯道曾赋诗一首赞美"五子登科"的窦禹钧:"燕山窦十郎,教子有义方,灵椿一株老,丹桂五枝芳。"旧时考场中举叫做"折桂",以丹桂比喻科举及第者,由此教子有方的窦禹钧被尊为八月桂花花神。

随着时代的发展,花神形象由传说中的女夷、魏夫人、花姑或迦叶,发展为人们熟悉的美丽女子和爱花名士。一些受人尊敬的英雄、贤士,乃至于文学作品中的虚构人物也被列为花神。花神形象的变迁是一个由神话形象演变为生活形象、由少至多的变化过程,而所对应的花卉种类,也由笼统的"百花",逐渐具体化为几种传统名花、十二月令花卉,乃至于种类更多的深受广大人民群众所喜爱的花卉。

三、花神文化的历史演变

花神文化是中国花卉文化的精髓之一,与中国传统文化的发展历程一致,花朝节传统和花神文化也经历了春秋、战国时期的萌芽,唐宋时期的兴盛,明清时期的成熟及清末民初的衰落,时至今日花朝节传统几近消亡,当代人对花朝节和花神甚是陌生。

唐代每到花朝节皇家和民间都要举行隆重的庆祝和祭祀活动。传说唐太宗李世民在花朝节这天曾亲自于御花园中主持过"挑菜御宴",故花朝节也有"挑菜节"的别称。据明代彭大翼主编的《山堂肆考》记载:武则天嗜花成癖,每到二月十五花朝节这天,游览上林苑赏花,总要令宫女采集百花,和米一起捣碎,蒸制成糕,以赏赐群臣。《全唐诗》中共有15篇出现"花朝"。例如,"春江花朝秋月夜,往往取酒还独倾"(白居易《琵琶行》),"伤怀同客处,病眼却花朝"(司空图《早春》),"虚空闻偈夜,清净雨花朝"(卢纶《题念济寺晕上人院》)。白居易《祭崔相公文》:"南宫多暇,屡接游遨。竹寺雪夜,杏园花朝。杜曲春晚,潘亭月高。前对青山,后携浊醪。"这些诗文给喧闹喜庆的花朝节增添几分惆怅,可以想象唐代文人雅士在花朝节的雨夜,花间酌酒,吟诗作赋,寄怀故人的场景。《全宋诗》中共有26篇出现"花朝"。例如,"每相逢月夕花朝,自有怜才深意"(柳永《尉迟杯》),"尊中绿醑意中人,花朝月夜长相见"(晏殊《踏莎行》)。宋词中也有"花朝"出现,如"月夕花朝,不成虚过,芳年嫁君徒甚"(欧阳修《夜行船》)。花朝节习俗在宋代更加丰富了,还增加了扑蝶会、挂"花神灯",以及将红绸、彩纸系在花木上,为花神祝寿,谓之"赏红"。此外栽植、嫁接花木也是花朝节的重要活动。"万花会"是宋朝人于花朝节举办的赏花宴会,规模以大取胜。元祐七年洛阳太守一次用花千万朵,被斥为劳民伤财,达于极点。

明清时期,花朝节和花神文化步入了成熟期,花神庙依旧香火旺盛,花神形象深入民间,并不断丰富。明代戏剧家汤显祖的《牡丹亭》和由此改编而成的昆曲《游园惊梦》

中就有大花神和众小花神出场，而《牡丹亭》的主人公柳梦梅也被民间封为梅花花神。在明代冯梦龙的《醒世恒言》中，《卖油郎独占花魁》中也有花神出场。很多南北朝、唐、宋时期的历史人物，随着元杂剧、话本、明清小说在民间广泛流传，并被民间封为花神。例如杨贵妃随着《长生殿》等剧目的流传而在民间家喻户晓，被封为花神也就水到渠成。清初期蒲松龄的《聊斋志异》中有多篇都提到花神，如《绛香》《葛巾》《香玉》《黄英》《荷花三娘子》等。清代传奇剧本《桃花扇》的作者孔尚任曾写有竹枝词，形容花朝节踏青归来的盛况："千里仙乡变醉乡，参差城阙掩斜阳。雕鞍绣辔争门入，带得红尘扑鼻香。"

清代乾隆年间成书的《帝京时岁纪盛》中记载农历二月的习俗："十二日传为花王诞日，曰花朝。"而同时代的曹雪芹撰写《红楼梦》时为衬托林黛玉的百花仙子气质，将她的生日定在花朝节。可见在清代，花朝节和花神文化依然在民间盛行，并经常出现在文学作品中。而寂寞伫立在北大校园内的"莳花记事碑"，使当代人能对乾隆时期皇家在花朝节祭祀花神的隆重场面窥见一斑。直至清代末年皇家依然保持花朝节传统，慈禧太后于二月十二花朝节在颐和园内"赏红"，演"花神庆寿事"。

历史悠久的花朝节有着众多具有鲜明特色的习俗，如踏青赏花、祭祀花神、挂花神灯、聚宴饮花朝酒、制作品尝花糕、扑蝶、赏红等。众多花神美丽的形象使人倾倒，高尚的品德令人钦佩。如此绚丽的传统文化和传统美德，值得我们世代传承和弘扬。

第三节　少数民族的花卉节日

一、苗族花山节

花山节又称"踩花山""耍花山"或"踩山"，也叫"跳场"或"跳花"，是贵州省西部、中部，云南省东南部和四川省南部苗族人的盛大节日。日期不尽相同，有的在农历正月，有的在五月、六月、八月下旬不等。

每到花山节，披上节日盛装的"花场"，灯笼高悬，彩旗飞舞，花杆矗立。身穿对襟短衣，头缠青色长布，腰勒大布带的男子和身着节日盛装、精心梳妆打扮的妇女，吹着芦笙、唢呐，敲着铜鼓，载歌载舞，从四面八方云集会场。芦笙舞贯穿花会始末，赛歌是花会的主要项目，男女老少自己选择对手举行对歌比赛。同时还要举行千百年来深受苗族人民喜爱的斗牛、舞狮、赛马、射击、射弩等武艺竞赛活动，各地不尽相同或兼而有之。斗牛和舞狮是深受苗人喜爱的娱乐活动，优胜者披红挂彩，十分荣耀，还会得到一定的奖品或奖金。爬杆比赛最引人瞩目，芦笙舞给人一种轻松活泼之感，衣着鲜艳的姑娘和着小伙子芦笙的旋律起舞，有的是几个男子一字排开，边吹边舞，姑娘们围绕芦笙队，转圈而跳；有的是小伙子吹笙在前，姑娘联臂纵舞于后，或全场数百人随乐齐舞，歌舞升平，令人心旷神怡。舞狮活动别有情趣，在矗立的花杆顶端悬挂一个猪头（或一只鸡）、两瓶美酒，舞狮毕，比赛爬花杆。花杆是用一棵剥皮的松树制成，又高又滑又细，要想取胜是很困难的，人们常常采用人梯的办法摘取胜利品。爬花杆表演最富有

民族特色。表演者边吹笙，边绕杆旋转起舞。一个鹞子翻身上杆，头朝下，双腿交叉紧紧绞住杆子倒挂，吹奏芦笙，一个鲤鱼打挺，身体倒转一百八十度，循环反复一直攀到杆顶亮相。表演者双脚夹住花杆倒挂。吹着芦笙下滑，距地面数尺时，一个筋斗翻下，轻盈自如，赛过体操运动员的技巧，博得全场喝彩。其欢乐场面和表演难度从乐山师范学院在全国第三届大学生艺术展演普通组获第一名的舞蹈《幸福山寨》中可略见一斑。

花山节也为苗族男女青年表达爱意、选择恋人提供了良好的环境和绝佳的机会。男女青年通过在一起对歌、跳舞，得以相见相识，每当相中了合意的人，钟情的姑娘会被小伙子撑开的花伞拢去，互相依偎着，到僻静处互诉衷肠。一旦相爱，男的要以花裹脚，用花圈腰带赠送姑娘，而女的也以自己千针万线亲手绣制的花帕、包头回赠。花山节到处洋溢着节日的气氛，充满着真挚的友谊，纯洁的爱情。

二、彝族插花节

插花节是一个颇具特色的彝族传统节日，又叫"马缨花节"。每年农历二月初八举行，一般要持续 3 天，以云南大姚县昙华山区的插花节最为隆重盛大。插花节的来历说法很多，流传最广的是咪依鲁传说。相传咪依鲁是位聪明美丽的彝族姑娘，为使众姐妹免遭恶霸凌辱，假意以身相许，在婚礼上与恶霸共饮放有马缨花的毒酒，牺牲自己，为民除害。为此，每年马缨花开之时，昙华山彝族就要举行盛大的插花节，纪念美丽善良的咪依鲁。

插花节期间，人们摘来各色鲜花，编扎成花团锦簇的牌坊、花幡象征吉祥如意。在房前田间和牛羊上插花，祈愿五谷丰登，六畜兴旺；人们也互相插花，寄托吉祥如意、和顺安康的美好祝福。晚辈要给长辈插在头饰上、衣服上，祝福他们幸福吉祥。长辈也要给晚辈插花，祝愿他们健康快乐。彝族同胞还会穿上节日盛装，带上美酒佳肴，手捧鲜花，兴高采烈地唱起山歌，跳起左脚舞，尽情欢乐，互祝吉祥。

插花节也是青年男女表达爱情的节日。在这天，钟情的青年男女，以互相插花为订婚礼。小伙子把鲜艳的山茶花插在姑娘的包头上，姑娘也把马缨花插在小伙子吹的芦笙上，大家一起欢聚唱歌跳舞，通宵达旦，尽情欢乐。

三、傣族采花节

采花节在景谷县永平镇的傣族中较为流行。每逢傣历"泼水节"前夕（公历 4 月中旬），傣族都要到山上采来娇嫩欲滴的鲜花到缅寺敬献给佛祖，祈求佛祖降福给百姓。这一传统的活动当地人称之为"采花节"。

采花节前，人们要沐浴净身，换上最漂亮的衣裳。节日一大早，各村寨男女老少身着盛装，手提花篮，肩挎"筒帕"成群结队来到寨子外的青山上、小河边，怀着虔诚的心情采摘饱含露珠的各种野花。休息时男女青年伴随着象脚鼓跳民族舞蹈。殷勤的小伙子们将杜鹃花等扎成花环送给自己喜欢的姑娘。如果姑娘也喜欢小伙子，便含羞地接过小伙子手中的花环，这时伙伴们便会追逐着姑娘，发出一阵阵欢快的笑声。如果姑娘不喜欢小伙子，则不接花默默走开，小伙子只得拿着鲜花另找意中人。太阳出来后，小伙子们吹响了竹瑟，姑娘们唱起了质朴动听的山歌，悠扬的歌声回荡在山间。

中午饭过后，人们将采回的鲜花精心捆扎成束，或编成花环，或做成花房，然后敲锣打鼓，举着彩幡，带着精美的食品鲜果走向缅寺。人们捧着鲜花，载歌载舞绕缅寺走一圈，然后三三两两有秩序地走进缅寺，将花束、花房和食品鲜果献在佛龛前，并向佛像叩头。口中念念有词，诉说心中的愿望，祈求佛祖保佑、心愿实现。

四、纳西族三朵节

三朵节是纳西族祭祀本民族的最大保护神——"三朵神"的盛大节日，纳西语叫"三朵硕"，每年农历二月初八和八月举行。相传"三朵神"是玉龙雪山的神灵，是传说中能征善战、济困扶危的英雄，被纳西族千百年来崇奉为保护神。三朵神属羊，因此在每年的二月初八和八月的第一个属羊日，各地纳西族群众都要到白沙河的"三朵阁"，杀羊祭祀供奉在庙里的三朵神像。

除了祭神，人们还举行赛马、对歌、跳舞等各种文体活动和物资交流，还要到离庙不远的玉峰寺，观赏著名的"万朵茶花"。节日期间，除在北岳庙举行节庆活动，纳西族都要在自家举行隆重的祭祀"三朵神"仪式。此外，纳西族群众还要举行形式多样、丰富多彩的文娱活动和野餐等。

由于二月初八正值茶花盛开，春光明媚，三朵节逐渐成为纳西人民踏青游春的节日。1986年8月，玉龙纳西族自治县八届人大常委会通过决议，将农历二月初八的"三朵节"定为纳西族的传统节日。每年这天全县放假一天，并由县政府具体安排各种节日活动，如举办各种展览，群众游园赏花，召开有关学术研讨会等。届时，全城欢腾，游人如潮，昼夜欢歌，热闹非凡。

五、白族梨花会

梨花会是白族传统盛会，在每年梨花盛开时节举行。阳春三月，遍布在剑川坝子里、坡地上、河谷间的座座梨园都披上了洁白雅致的素装，棵棵梨树上缀满了清香的梨花。家家户户携老带幼春游在梨花树下摆上丰盛的食品野炊过梨花节，热热闹闹，其乐融融。

关于梨花会有这样一个传说：白族崇尚白色，这事惹恼了黑魔鬼，他施展妖术把世间白色的东西全变成了黑色，梨树也枯死了。有一位名叫梨花的白族姑娘，历尽艰险取到了老君山白龙潭里的龙乳。她把龙乳喷在黑魔鬼的身上，黑魔鬼马上变成一块石头，枯死的梨树重新开出了耀眼的白花。为了纪念为民除害的梨花姑娘，于是人们每年都要举行梨花会。

六、壮族花婆节

花婆节又称"圣母节""花王节",是壮族最隆重的节日之一。相传每年农历二月初二是花婆(也称"花王")的诞辰,花婆是主宰人间生育与健康的女神。在壮族传说中,小孩是花婆恩赐人间的礼物。因此,壮族青年男女结婚前,必须带上供品去花婆庙进行祈祷,请求花婆保佑,早日生儿育女。壮族老人去世后,出嫁的女儿要赶回来,在老人的灵柩上插上一束纸花,过后,再把纸花带回自己的家,插在花婆的神龛前,称为"女儿受花",表示死去的父母已还原为花回到花婆园中,从而得到安宁。

节日里,壮族村寨杀猪宰牛,虔诚地举行祭祀仪式,载歌载舞欢娱达旦。各村寨姐妹姑嫂汇集在一起,杀鸡敬花婆,祈求花婆馈赠孩子并保佑儿童健康成长。

七、藏族看花节

看花节是藏族传统的节日,又称"赏花节",藏语称为"若木鸟",即赏花之意。看花节定于每年七八月间举行,那时川西北高原秋高气爽,各类野花竞相开放。藏民们带着食品、帐篷,骑着骏马,成群结队到野外游玩,欣赏山花。他们搭好帐篷,熬好酥油茶,盛满青稞酒,赏花、聊天、饮酒、祝福。晚上,燃起篝火,高歌欢舞。节日期间,还要举行摔跤、赛马等活动。赏花节也为青年男女谈情说爱提供了机会。男青年往往向心上人献上一朵鲜花,以表达对姑娘的爱慕之情;姑娘如果将这朵花戴在自己的头上,就表示接受了对方的爱。

八、满族年息花节

满族在农历五月举行年息花节,年息花就是杜鹃花。这个节日是为了纪念一位聪慧、善良、勇敢,名叫年息的满族少女而举行的。节日里,人们用年息花上的露水清洗眼睛,据说这样可以使眼睛更明亮。

九、回族花儿会

花儿会也叫花儿节,是回族及东乡、撒拉、保安、裕固等族的传统歌会,以演唱"花儿"为主要内容而得名。"花儿"是青海、甘肃、宁夏等省区民间的一种歌曲,歌词多为即兴创作,极具生活气息。相传已有两三百年的历史。有关它的起源众说纷纭,有人认为是明初从南京迁往洮州地区(今甘肃临潭)的移民常以花卉为比兴的一种民歌;有

第六章 各民族传统花卉节日与花习俗

人说它是在蒙藏民歌影响下形成的一种特殊的民歌；也有人认为它是从外地迁来的回族人民的思乡曲演化而成。

花儿会期五天，各地会期不一。在宁夏，几乎随处都听到"花儿"。但以六月初六莲花山（甘肃）及五峰山（青海）的花儿会规模最大。"花儿会"期间，远近的百姓都要聚集于风景秀丽、山花烂漫的山间对歌。歌手云集，盛况空前，多时人数上万。会场上搭有歌台，歌手登台比赛，优胜歌手被披上红绸带作为奖赏。人们撑着伞、摇着扇，或拦路相对，或席地而坐。主要活动内容包括拦歌、对歌、游山、敬酒、告别等。"花儿会"也是青年男女选择对象的极妙场合，他们以歌为媒，向对方表白心迹。此外还有物资交流等活动。

十、白马藏族采花节

甘肃文县、舟曲县和四川平武、九寨沟县、松潘县境内居住着神秘的白马藏族人。有人对甘南藏族自治州舟曲县博峪乡白马藏族人的"采花节"作过详细报道。

博峪乡地处白龙江上游，位于甘南、陇南及四川省阿坝州两省三地四县交界处，原名为代巴，属卓尼杨土司管辖。这片神秘的土地，藏族民俗文化的浪潮无处不及。每年农历五月初四到初五，居住在这里的白马藏族人都要举办"采花节"（又称"女儿节"）来庆祝端午节，这个习俗从古到今，代代相传，至今还保留着原始的风貌。

采花节融文化、经济、旅游、宗教、民俗为一体。在长期的历史发展过程中，端午节庆活动的文化内涵和活动形式不断丰富多彩，形成了包粽子、赛龙舟、戴香包、喝雄黄酒等趣味盎然的活动。这一乡土浓郁古朴神秘的传统节日发展历程，清晰地勾勒出一幅幅发展的历史画面，丰富的内容则是一幅生动的民间生活、风俗、风貌图景。每到这天，每个村庄都要按各自约定俗成的日子共同祈祷村寨五谷丰登，人畜兴旺。采花节活动分为采花、接花、煨桑、鸣枪点炮等内容。规模之盛，真可谓是民俗文化之一大奇观，盛况可与春节相媲美。尤其是非物质文化遗产即："独一无二的民族服饰，古朴典雅的舞蹈，简单明快的曲调"，令人耳目一新，流连忘返。延续上百年的这种藏族群体性习俗，也是民族对历史的记忆，这盛大的民族传统节日，集中展现本民族特有的风情，具有民间广泛参与性和民族风情集中展现的丰富性特点，所流行的曲目被中国著名民歌歌目编辑出版收藏。

这个习俗的由来有一个美丽的传说：很久以前，博峪山寨一个贫苦人家有六个姑娘，一年端午节的时候，小姑娘上山采药时不小心受伤，被一位叫达玛的姑娘所救，把她背回了家，达玛姑娘能歌善舞，心灵手巧，品质高尚，她常带领六姐妹们上山采药，治愈民间伤病，走遍了博峪的山山水水。达玛去世后，姐妹们以她为榜样，继续为当地的乡亲们采药治愈病痛。六姐妹去世以后同达玛一起葬在附近一座开满鲜花的山上。当地人为了纪念达玛和六姐妹，就将博峪的七座山称为"七姐妹山"。为了纪念她们，年轻人在端午节时都要结伴上山祭扫七姐妹的坟墓，采吉祥杜鹃花带回家，慢慢地，"采花节"就成了博峪人过端午节的独特方式。

按白马藏族的习俗，节日期间，母亲或长辈女性为姑娘、媳妇梳成几十条细辫，续上毛线头绳，头顶盖上叠成多层的黑色新头帕，用一条三指宽的彩带箍在头上，穿上宽袖的花裙一层一层地套穿，有的多达七层，从里到外，每层都要露出一些，胸前还要穿上镶有红珠子串织成的坎肩，再挂上别致的镶珍珠玛瑙的大银盘，银耳坠也是相当精致，膝盖以下则缠有白色的裹腿，脚穿自制的绣花鞋子，很是别致。从初一开始本寨凡远嫁到外寨的姑娘，都要穿上节日的盛装，返回娘家参加本寨的采花节。小伙子们佩带漂亮的腰刀，穿戴整齐，方圆十里的山间小道上，宛如一条五彩斑斓的长龙，他们当中有身怀绝技、出口成章的歌手，也有慕名而来、好奇凑趣的看客。赶采花会的姑娘们一路亮开金嗓子，唱起悠扬舒展的采花歌：

> 攀冰峰要采洁白的雪莲花，
> 花光映照能叫人品德高尚。
> 踏草坪要采娇艳的格桑花，
> 花光映照能叫人貌美如花。
> 雄鹰飞翔再高也要落回石山，
> 骏马奔驰再远也要返归暖圈。
> 我们献长寿仙柏愿长者康健，
> 我们献吉祥神花愿家乡昌盛。

歌声此起彼伏，令人陶醉，把人们的心情也渲染得阳光灿烂。对于每位去赶节会的游客，他们都热情好客地敬献圣洁的哈达，双手捧着一银碗纯正的青稞酒或上好的酥油奶茶，唱着山歌，劝客一饮而尽，男人们则划拳猜令，好不热闹。当晚霞染红天际时，姑娘小伙们的热情并未消减，燃起熊熊篝火在降神仪式的执事僧师祈福中跳起锅庄舞，顿时，歌声、祝福声、敬酒声、欢笑声连成一片。锅庄舞伴奏的乐器十分简单，只要有一把简单的龙头三弦琴就足够为歌声伴奏了，甚至不要任何伴奏，开口就唱，一切都是那么的自然朴实和方便。他们用歌声充分地展现了自我，抚慰了饱受生活艰辛的身心，他们的文化艺术也因此得到了升华。

第七章　花卉故事传说

自古爱花的趣闻轶事不胜枚举，屈原以兰喻己，陶潜采菊东篱，诗仙醉卧花荫，杜甫对花溅泪。花香暗涌，背后藏着许多有趣的故事传说。

第一节　各种花卉的传说

一、牡丹（*Paeonia suffruticosa* Andr.）

牡丹是我国传统名花，关于它有不少美丽的传说。

传说一

在隆冬一个大雪飞舞的日子，武则天想在长安游后苑，曾命百花同时开放，以助她的酒兴。下旨曰："明早游上苑，火速报春知，花须连夜发，莫待晓风吹。"谁都知道，各种花不仅开花的季节不同，就是开花的时刻也不一致。紫罗兰在春天盛开，玫瑰花在夏天怒放，菊花争艳在深秋，梅花斗俏在严冬；蔷薇、芍药开在早上，夜来香、昙花开在夜间。所以，要使百花服从人的意志，在同一时刻一齐开放，是难以办到的。但是百花慑于武后的权势，都违时开放了，唯牡丹仍干枝枯叶，傲然挺立。武后大怒，便把牡丹贬至洛阳。牡丹一到了洛阳，立即昂首怒放，花繁色艳，锦绣成堆。这更气坏了武后，下令用火烧死牡丹，不料，牡丹经火一烧，反而开的更是红若烟云、亭亭玉立，十分壮观。所以，牡丹又有"焦骨丹心"之说，表现了牡丹不畏权势、英勇不屈的性格。

传说二

古时，在洛阳城东南 200 来里路，有个州名叫汝州，州的西边有个小镇，名叫庙下。这里群山环绕，景色宜人，还有一个美妙的风俗习惯：男女青年一旦定亲，女方必须亲手给男方送去一个绣着鸳鸯的荷包，这其中的含意是不言而喻的。若是定的娃娃亲，也得由女方家中的嫂嫂或邻里过门的大姐们代绣一个送上，作为终身的信物。镇上住着一位美丽的姑娘，名叫玉女。玉女年芳十八。心灵手巧，天生聪慧，绣花织布技艺精湛，尤其是绣的荷包上的各种花卉图案，竟常招惹蜂蝶落之上面，可见功夫之深。这么好的姑娘，提亲者自是挤破了门槛，但都被姑娘家人一一婉言谢绝。原来姑娘已有钟情的男子，家里也默认了。可惜，小伙在塞外充军已两载，杳无音信，更不曾得到荷包。玉女

日日盼，夜夜想，便每月绣一个荷包聊作思念之情，并一一挂在窗前的牡丹枝上。久而久之，荷包形成了串，变成了人们所说的那种"荷包牡丹"（*Dicentra spectabilis* (L.) Lem.）了。

传说三

明末，有位清贫之士，学识渊博，且擅长琴棋书画，只因看破红尘，拒官避世，削发为僧，隐居于太白山白云寺，法号"释易寿"。此寺依山傍水，景色秀丽，院内广植牡丹花草。易寿在寺院中除日勤于佛事外，闲暇之时，几乎都用来研墨作画。他尤善画牡丹，所作之画，细腻逼真，宛若天成。凡观者，无不拍手叫绝。易寿作画的名声很快传遍方圆百里，求画者络绎不绝。一年春日，谷雨前后，牡丹争相竞开，引得八方善男信女前来朝山拜佛观花，以图富贵，吉祥，安康。这日午后，易寿正在院中对着牡丹作画，忽听院前人声嘈杂，抬头望去，远处有几个庄丁打扮的人，簇拥一位富贵之相的胖子，大摇大摆向这边走来。走到近处，方看清是当地有名恶霸王大癞，此人一向横行乡里，欺压百姓，无恶不作。王大癞走到易寿跟前，见其一手好画，垂涎三尺，急待得到，便唆使庄丁上前索取。易寿何等人格，岂能与王大癞为伍，当下拒绝。王大癞恼羞成怒，硬逼其交画一幅，易寿毫不示弱，将画撕烂，将毛笔投入砚台中，愤然而去。王大癞见围观的人们群情激愤，无可奈何，只得悻悻而去。谁知，从那砚台内溅出的笔墨，正好落在附近几棵牡丹的花瓣上，又顺着花瓣流至花瓣基部，凝结成块块紫斑。以后，每年花开时节，人们到此，都可以清晰地看到花上的紫斑，于是称其为"紫斑牡丹"。

传说四

元朝末年，随张士诚起义的卞元亨兵败隐退便仓，途中马鞭丢失，遇一花鹿，口衔枯枝，跪倒马前，元亨取其枯枝，策马而归，便至仓家院，插枯枝于地，后来竟抽出了嫩芽，展出了新叶，随着谷雨过后，又神奇地开出了鲜艳美丽的花朵，遂称作"枯枝牡丹"。后人便在此兴建了"枯枝牡丹园"。

此花奇异处甚多。其花瓣能应历法增减，农历闰年十三个月，花开十三瓣，平年十二月，花则十二瓣；放花时节性较强，每年都是谷雨前后三日放花，花信儿准确无误。更堪称奇的是，这花似乎能世事时势，颇具灵性，严冬季节二度放花，枯枝无叶唯花独秀。相传明太祖知卞元亨文武才能，三请其而不出，朱元璋大怒，颁旨将元亨充军，及至赦归，满园重放异彩，元亨感慨万千，赋诗云："牡丹原是亲手栽，十度春风九不开，多少繁花零落尽，一枝犹待主人来。"

二、萱草（*Hermerocallis fulva* L.）

萱草又叫忘忧草、金针菜、黄花菜，是中国的母亲花。观赏萱草多为重瓣，专供人工盆栽或作园林小景。在欧美也被称为虎百合（tiger lily）或一日百合（day lily），以其花一朵仅开一日为名，从日出开至日落，隔日即换上另一二朵绽放；其拉丁属名*Hermerocallis*源于希腊文，表示"一日之美"，取同意。

古人对萱草情有独钟，诗歌不少，如《萱草》宋·苏东坡："萱草虽微花，孤秀能自拔。亭亭乱叶中,一一芳心插。";《萱草》宋·朱熹:"春条拥深翠,夏花明夕阴。北堂罕悴物,独尔淡冲襟。"

传说一

萱草在我国有几千年栽培历史,又名谖草,"谖"就是忘的意思。春秋时,郑伯因为周恒公剥夺了他的辅政权力,不再朝拜周王室。周恒公召集陈、卫、蔡等诸侯国的军队讨伐郑国。郑伯领兵进行防御,双方展开了一场大战,结果周恒公战败。卫国一位充当前驱的士兵死于战阵,他的妻子听到死讯,伤心地吟了一首诗,诗的最后四句说:"焉得萱草,言树之背?愿言思伯,使我心痗。"意思是说,我从哪里能得到忘忧的萱草,好让我种在北堂的阶下呢(这两句比喻她无法忘记忧愁)?我一想起伯(夫君)啊,心头就很痛!以后"萱草"就指忘忧草。唐韦应物《对萱草》:"何人树萱草,对此郡斋幽。本是忘忧物,今夕重生忧。丛疏露始滴,芳馀蝶尚留。还思杜陵圃,离披风雨秋。"

传说二

萱草早已是中国传统的母亲花。《博物志》中记载,萱草,食之令人好欢乐,忘忧思。相传古时候游子在远行前,会在母亲居住的北堂前种植萱草,希望母亲在自己走后多吃萱草花,忘记对孩子的思念,忘却烦忧。唐·孟郊《游子诗》写道:"萱草生堂阶,游子行天涯;慈母倚堂门,不见萱草花。"这首诗意:游子出门远行,母亲常常倚在门前,迟迟不肯进屋。只见门前台阶旁的萱草随风摇曳,萱草花还没有开放。母亲望着儿子渐行渐远的身影,心里该有多么恋恋不舍啊!儿子不能堂前尽孝,内心更是愧疚和挂念。

春天来临时,萱草如兰的叶片随春风钻出地面,然后抽枝打苞,到了夏季,一朵朵状如百合的花朵悄悄地绽放。橙色,很温暖的色调,就像母亲温暖的怀抱。长长的花蕊,更像母亲的思念,从心里伸向远方。另外,萱草焕发出一种外柔内刚、端庄秀雅的风姿,让人感到亲切和蔼,赏心悦目。古人把它比喻为慈母的音容,并以"萱草"来借称母亲或母亲居住的地方。

此外,萱草又名"宜男草",《风土记》云:"妊妇佩其草则生男",即古代妇女为了生男孩,常佩戴萱草,久而久之,萱草就成了母亲的标志。

"北堂有萱兮,何以忘忧?无以解忧兮,我心咻咻!"萱草花绽放的日子,是母亲思念孩子的时候,更是孩子思念母亲的时候。

三、茉莉(*Jasminum sambac*(L.)Ait)

茉莉花香气浓郁,花色洁白秀雅,叶色翠绿,是适宜盆栽的芳香花木。茉莉花虽无艳资惊群,但玫瑰之甜郁、梅花之馨香、兰花之幽远,莫不兼而有之,"一卉能熏一室香"。江南民歌《茉莉花》已红遍全球,香飘世界,这也是中华花文化的魅力所在。

茉莉早在汉代就从亚洲西南传入中国,迄今已有 1 600 余年的历史,主要用于窨(xūn,同"熏")制花茶。

花与中国文化
FLOWERS AND CHINESE CULTURE

传说在明末清初，苏州虎丘住着一赵姓农民，家中只有夫妇俩和3个儿子，生活贫苦。赵老汉外出谋生，落脚在广东乡里，每隔两三年回来看看。妻子和儿子在家种地。孩子渐渐大了，便把地分为三段，各人一块，都以种茶树为主。

有一年赵老汉回家，带回一捆花树苗，只说这是南方人喜欢的香花，叫什么名儿，也弄不清。赵老汉不管儿子喜欢与否，便栽在大儿子的茶田边。隔了一年，树上开出了朵朵小白花，虽香，并没有引起村民的多大兴趣。

一天，赵家大儿子惊奇地发现，茶枝带有小白花的香气。随即检查了全茶田，发现都带有香气。他便不声不响采了一筐茶叶，到苏州城里去试卖，意想不到，这含香的茶叶真走俏，一会儿全部卖光了。这一年大儿子卖香茶叶发大财的消息传开了。两个弟弟得知后，找哥哥算账，认为哥哥的香茶叶，是父亲种的香花所致，哥哥卖茶叶的钱应三人均分。兄弟间一直吵闹不休，两个弟弟要强行把香花毁掉。

乡里有位老隐士，名叫戴逵，深为人们所崇敬。赵氏三兄弟到戴家，请他评理。戴逵说："你们三人是亲兄弟，应该亲密无间，今后你们还要结婚生子，为人父母，不能只为眼前一点利益，闹得四分五裂。哥哥发现的香茶，多卖了钱，这是大好事，全家都应高兴。财神菩萨进了你家门，你们反而打起来，哪有这等蠢事？你们知道财神在哪里，就是这些香花！你们要繁殖发展这些香花，各人茶田里都栽上香花，兄弟都卖香茶，大家就都发财了。你们的香花有了名，坏人想来偷，怎么办？兄弟轮班看护，这就要团结一致。如果你们都自私自利，不把大伙利益放在前面，事情哪儿成呢？为了要你们能记住我的话，我为你家的香花取个花名，就叫末利花，意思就是为人处事，要把个人私利放在末尾。"兄弟三人听了戴老夫子的话，很受感动。回家以后，和睦相处，团结生产，大家生活一年比一年富裕起来。后人把末利花写成了茉莉花。

四、栀子花（*Gardenia jasminoides* Ellis.）

栀子花原产中国，5~7月开花，花、叶、果皆美，花朵芳香四溢。喜温暖湿润和阳光充足环境，有较强的抗烟尘和抗有害气体的能力，适宜在公园、工厂、校园里栽种。也有些地方把栀子花叫做"水横枝"或"玉荷花"。

栀子花象征着永恒的爱与约定。因为，此花从冬季开始孕育花苞，直到近夏至才会绽放。含苞期愈长，清芬愈久远；栀子树的叶，也是经年在风霜雪雨中翠绿不凋。于是，虽然看似不经意的绽放，也经历了长久的努力与坚持。不仅寄予爱情，而且它平淡、持久、温馨、脱俗的外表下，蕴涵的是美丽、坚韧、醇厚的生命本质。

传说一

栀子花是天上七仙女之一，她憧憬人间的美丽，就下凡变为一棵花树。一位年轻的农民，孑身一人，生活清贫，在田埂边看到了这棵小树，就移回家，对她百般呵护。于是小树生机盎然，开了许多洁白花朵。为了报答主人的恩情，她白天为主人洗衣做饭，晚间香飘院外。老百姓知道了，从此就家家户户养起了栀子花。

传说二

有位长得贤淑优雅的清纯少女，名叫 Gardenia。她有个洁癖，很喜欢白色，从身上的衣着至居家的一切东西，都用白色的。她是一位虔诚的信徒，经常祈求神能让她嫁给一位与她同样清纯的夫婿。某个冬天的夜里，有人来敲门，她开门一看，竟是一位穿着白色衣着和长着白色翅膀的天使，天使对她说："我知道在这世界上有位可以与你匹配的纯洁男性，所以特地赶来告诉你。"并从怀里掏出一粒种子对她说："这是一颗天国里才有的花种子，只要你将它种在盆钵里，每天浇水，第八天它就会发芽，枝叶也会慢慢地茂盛起来，但最重要的是，你必须天天保持身心的纯洁，而且要每天吻它一次。"当少女还没有来得及问清花名时，天使已消失在黑夜里。Gardenia 依照盼咐小心地栽培这颗种子，终于看到它开出洁白典雅的花朵。算算日子已经一年了，这天夜里天使又出现了，女孩高兴地述说那朵清香的美丽花朵以及一年来的心得。天使就说："你真是位圣洁的少女，你将可以得到最清纯的男士来与你搭配成双。"说完，天使的翅膀竟落了下来，变成一位英俊潇洒的美少年。他俩结婚，过着幸福快乐的日子。这纯洁典雅漂亮的白色花朵，就是栀子花。

五、紫藤（*Wisteria sinensis* Sweet.）

紫藤是一种攀援花木。李白有诗："紫藤挂云木，花蔓宜阳春。密叶隐歌鸟，香风流美人。"这些诗句形象地表现了紫藤的美态。紫藤的生长有其独特的方式，势如盘龙，刚劲古朴，枝叶茂盛，花序如翠蝶成行，美丽清香，是春季优良的棚架花卉。

紫藤原产我国，朝鲜、日本亦有分布，别名葛花、朱藤、藤萝、招豆藤等。花开可半月不凋。紫藤代表顽强的生命力，还代表高贵，神秘，勇气，依恋。

紫藤有个古老而美丽的传说，一位美丽的女孩想要一段情缘，于是她每天祈求天上的月老能成全。终于月老被女孩的虔诚感动了，在她的梦中对她说："在春天到来的时候，在后山的小树林里，她会遇到一个白衣男子，那就是她想要的情缘。"

等到春暖花开的日子，痴心的女孩如约独自来到了后山小树林。可一直等到天快黑了，那个白衣男子还是没出现，女孩在紧张失望之时，被草丛里的蛇咬伤了脚踝，不能走路了，家也难回了。在女孩感到绝望无助的时刻，白衣男子出现了，女孩惊喜地呼喊着救命，白衣男子上前用嘴帮她吸出了被蛇咬过的毒血，女孩从此便深深地爱上了他。可是，白衣男子家境贫寒，他们的婚事遭到女方父母反对。最终二人双双跳崖殉情。后来悬崖边上长出了一棵树，树上缠着一棵紫藤，并开出朵朵花坠，紫中带蓝，灿若云霞。有人说那紫藤就是女孩的化身，树就是白衣男子的化身。后人传说，恋人在紫藤花开时分，受紫藤花仙的保佑，可以在紫藤树下找到今生所爱。

六、荷花（*Nelumbo nucifera* Gartn.）

荷花自北宋周敦颐《爱莲说》写了"出淤泥而不染，濯清涟而不妖"的名句后，便

成为"君子之花",为世人称颂。南朝乐府《西洲曲》:"采莲南塘秋,莲花过人头;低头弄莲子,莲子青如水。""莲子"即"怜子","青"即"清"。这里是实写也是虚写,语意双关,表达了一个女子对所爱的男子的深长思念和爱情的纯洁。晋《子夜歌四十二首》之三十五:"雾露隐芙蓉,见莲不分明。"雾气露珠隐去了荷花的真面目,莲叶可见但不甚分明,这也是利用谐音双关的方法,写出一个女子隐约地感到男方爱恋着自己。

荷花亭亭玉立于随风摇曳的荷叶间,远远望去秀美绝伦。在我国,流传着许多关于荷花的动人传说。

传说一

相传荷花是王母娘娘身边一个美貌侍女——玉姬的化身。玉姬看见人间双双对对,男耕女织,十分羡慕,因此动了凡心,在河神女儿的陪伴下偷出天宫,来到杭州的西子湖畔。西湖秀丽的风光让玉姬流连忘返,忘情地在湖中嬉戏,天亮也舍不得离开。王母娘娘知道后,用莲花宝座将玉姬打入湖中,并让她"打入淤泥,永世不得再登南天"。从此,天宫中少了一位美貌的侍女,而人间多了一种玉肌水灵的鲜花。

传说二

越国被吴国打败了,越王卧薪尝胆,派人四处搜寻美女,准备送给吴王,以涣散他的斗志。西施被万里挑一的选中了,三年后,她被训练成一名非常出色的美女。越王把西施送给吴王,吴王沉迷于西施的美艳,整日与西施吃喝玩乐,不管国家大事,吴国越来越衰弱,最后被越国打败。被俘的吴王后悔至极,拔剑自杀了。越王把西施接回越国,但王后十分嫉妒西施的美貌,把西施抓到江边绑上巨石沉入江底。老百姓都不相信西施会死,传说她做了荷花神,住在一个小岛上,每年采莲节,就能在湖边采莲的女孩当中看到她。

传说三

从前,百里洪湖水患无常,民不聊生。一天,美丽的荷花姐妹驾着祥云,赶赴蟠桃盛会,路过此地,只见黎民饿殍遍野的惨境,不禁潸然泪下,毅然将胸前的珍珠项链撒了下来。蟠桃会上王母娘娘发现她们胸前的珍珠不见了,当问清缘由后,即将荷花姐妹派到人间拯救百姓。两位仙子下凡后,一片汪洋的洪湖变成荷花争艳,鱼跃鸭栖的鱼米之乡。

七、虞美人(*Papaver rhoeas* L.)

虞美人,别名丽春花、赛牡丹等。原产欧亚大陆温带,世界各地多有栽培。虞美人有复色、间色、重瓣和复瓣等品种。花未开时,蛋圆形的花蕾上包着两片绿色白边的萼片,悬垂生于细长直立的花梗上,极像低头沉思的少女。绽放后的虞美人姿态娟秀,袅袅婷婷,因风飞舞,俨然彩蝶展翅,颇引人遐思。虞美人兼具素雅与浓艳华丽之美,二

第七章 花卉故事传说

者和谐地统一于一身。其容其姿大有中国古典艺术中美人的风韵，堪称花草中的妙品。

虞美人在中国古代寓意着生离死别、悲歌，古代文学中亦有词牌和曲牌为"虞美人"，最著名的大概就是南唐后主李煜的"春花秋月何时了，往事知多少"了。

传说其实虞美人就是项羽的爱妾虞姬。秦末楚汉相争，项羽被韩信围困于垓下，韩信令汉兵齐唱楚歌，触动了楚兵的无限乡思，顿生厌战情绪（也是"四面楚歌"这个成语的来历）。项羽见兵心涣散，自知灭亡的厄运即将到来，便在帐中饮酒浇愁，他边饮边对爱妾虞姬慷慨悲歌："力拔山兮气盖世，时不利兮骓不逝，骓不逝兮其奈何，虞兮虞兮奈若何？"虞姬见项王伤感，也满怀凄楚哀怨之情，她手握宝剑，翩翩起舞，为项王助酒，最后她边舞边唱："汉兵北略地，四面楚歌声，大王意气尽，贱妾何聊生。"舞罢便伏剑身亡。虞姬死后，在她的身下，长出一株丽草，草顶开了一朵艳丽藏悲、娇媚含怨、却又楚楚动人的小花，人们以虞姬的名字称之为"虞美人"。

八、蒲公英（*Taraxacum mongolicum* Hand.）

早春及晚秋生于路旁、田野、山坡，产于全国各地。种子上有白色冠毛结成的绒球，可随风飘落到新的地方孕育新生命。

传说一

相传在很久以前，有个十六岁的大姑娘患了乳痈，乳房又红又肿，疼痛难忍。但她羞于开口，只好强忍着。这事被她母亲知道了，当时是封建社会，她母亲又缺乏知识，从未听说过大姑娘会患乳痈，以为女儿做了什么见不得人的事。姑娘见母亲怀疑自己的贞节，又羞又气，便横下一条心，在夜晚偷偷逃出家投河自尽。事有凑巧，当时河边有一渔船，上有一个蒲姓老公和女儿小英正在月光下撒网捕鱼。他们救起了姑娘，问清了投河的根由。第二天，小英按照父亲的指点，从山上挖了一种好草，翠绿的披针形叶，上被白色丝状毛，边缘呈锯齿状，顶端长着一个松散的白绒球。风一吹，就分离开来，飘浮空中，活像一个个降落伞。小英采回了这种小草，洗净后捣烂成泥，敷在姑娘的乳痈上，不几天就霍然而愈。以后，姑娘将这草带回家园栽种。为了纪念渔家父女，便叫这种野草为蒲公英。

传说二

很久以前，一位官位显赫的大户人家，有个小女儿叫朝阳，长得非常美丽、贤淑善良，深得双亲宠爱。可朝阳到了十七八岁时，还没有找到心仪的郎君，因为朝阳不喜欢那些达官贵人家的花花公子，而父母也不舍得心爱的女儿离开他们，所以对此事也并没怎么上心。

有一天，朝阳带着贴身丫环逛街，她看到一个挑着草药的小伙子，长得眉目清秀、英气非凡。采药的小伙子也注意到了美丽的朝阳，但他们只能相视一笑，因为那时的传统观念男女授受不亲。当朝阳目送小伙子的身影消失在人流后，她的芳心也已被带走。

街上的邂逅让彼此的心中都留下了深刻的印象，朝阳时常向下人们打听那个采药郎的情况，她得知自己心仪的郎君叫蒲公，曾饱读诗书，学识渊博，但后来父母早逝，家境贫寒，所以才以采药为生。而蒲公也时常想起朝阳，可他想到自己家境贫寒，心生自卑。

世间让人永生难忘的莫过于情，蒲公和朝阳承受着相思的煎熬，无时无刻思念着对方。终于，有一天朝阳对父母说想嫁给蒲公，但却遭到父母的强烈反对。朝阳便偷偷找到蒲公，两人从此浪迹天涯。

在他们漂泊的旅途中，来到一个风景秀丽的小山村，在一个破旧的瓦窑前，有条小溪，溪边长着很多蓝色的小花（很可能是紫花地丁 Viola philippica），他们决定就在此定居，他们生活得很幸福，并生下了一个女儿。在朝阳生女儿那天，小溪边的蓝色野花开得出奇鲜艳，因此为女儿取名——若兰。

然而由于局势动荡，没过多久，蒲公被迫去参军打仗，这一去就是十八年。十八年后的一天，蒲公回来了，并且因战功卓著，已做了大将军。但朝阳已两鬓染霜，相思成疾，没过多久就离世了。弥留之际，她带着无限依恋的眼神对蒲公说："好好照顾若兰，还记得小溪边的野花吗？带它们去前线吧，它们不但能吃，还能疗伤，当你想我的时候它们就会随风飘扬在你们身边！"说完后朝阳就化作无数的白色花朵飘向天空，落在溪边，从此溪边长出的小花都变成了白色。后来蒲公带着若兰和很多白色的野花离开了瓦窑。蒲公行军作战数万里，沿途他想念朝阳时都会拿出那些野花来，让它们随风飘落，飘向远方……从此满山遍野，天涯海角随处可见那美丽而勇敢的野花，人们叫它蒲公英。

传说三

很久以前，在花王国里，国王有五个女儿，她们是：牡丹公主、玫瑰公主、水仙公主、百合公主、最小的便是蒲公英。与四个姐姐相比，她没有牡丹的雍容华贵，少了玫瑰的鲜艳美丽，缺失水仙的清新淡雅，无法与百合的芬芳馥郁媲美，她只是最不起眼的淡而又淡的小花。

后来，邻近的竹王国里，国王派使者前来求婚，四个姐姐跃跃欲试，只有蒲公英躲在角落里。虽然，她也很喜欢竹王子，可她却不敢露面。结果，牡丹和百合两位姐姐被选中，随使者而去，开始了她们的新生活。

但是，不久之后，竹王子得了一种怪病，浑身上下长满黄斑，如不及时治疗就会枯萎致死。要想治病必须去遥远的天山，采那冰峰上的雪莲才行。这时蒲公英不顾父王及母后的坚决反对，毅然决然地踏上了艰难的征程。为了救回竹王子的生命，她不惜牺牲自己的一切。

当她来到天山脚下时，遇到了守候雪莲的女巫，女巫告诉她："你要拿走雪莲必须答应我一个条件，从此浪迹天涯，不能再回到花王国去。"为了自己挚爱的竹王子，蒲公英答应了女巫的条件。

竹王子因此得救了，蒲公英也因此开始了漂泊的生命历程。她的种子在风的吹拂下四处飘散，花儿开遍了大江南北，成为最普通的路边野花……

九、铃兰（*Convallaria majalis* L.）

铃兰又名草玉玲、君影草、香水花、鹿铃、lily of the valley（谷中百合）、lady-tears（圣母之泪）、ladder to heaven（天堂之梯）等。铃兰株形小巧，花香怡人，花朵为小型钟状花，花朵白色悬垂若铃串，一茎着花 6～10 朵，莹洁高贵，精雅绝伦。香韵浓郁，令人陶醉。

铃兰是芬兰、瑞典、南斯拉夫的国花，在法国的习俗里，为心爱的人献上铃兰，还代表着美丽的爱情，在婚礼上常可以看到送这种花给新娘。五月一日，是国际劳动节，也是法国人的铃兰节，在铃兰节那天，法国人互赠铃兰，互相祝愿一年幸福，获赠人通常将花挂在房间里保存全年，象征幸福永驻。铃兰在英国还有"淑女之泪"等雅称。此外，铃兰还是古时候北欧神话传说中日出女神之花，是用来献给日出女神的鲜花。也是北美印第安人的圣花。

传说一

在古老的苏塞克斯传说中，亚当和夏娃听信了大毒蛇的谎言，偷食了禁果，森林守护神圣雷欧纳德发誓要杀死大毒蛇。在与大毒蛇的搏斗中，他精疲力竭与大毒蛇同归于尽，他的血流经的土地上开出了朵朵洁白的铃兰花。人们说那冰冷土地上长出的铃兰就是圣雷欧纳德的化身，凝聚了他的血液和精魂。根据这个传说，把铃兰花赠给亲朋好友，幸福之神就会降临到收花人。

传说二

传说铃兰是圣母玛利亚哀悼基督的眼泪变成的，把铃兰称为"Our Lady's Tears"即圣母之泪，很多人也译为女人的眼泪。乌克兰传说是很久以前有一位美丽的姑娘，痴心等待远征的爱人，思念的泪水滴落在林间草地，变成芳馨四溢的铃兰。也有人说那是白雪公主断了的珍珠项链洒落的珠子，还有人说那是 7 个小矮人的小小灯笼。

传说三

俄国传说，一个叫"琅得什"（俄文中铃兰的音）的少年，为了他的爱人"维丝娜"（俄文"春天"的意思）离他而去而伤心欲绝，少年的泪水变成了白色的花朵，而少年破碎的心流出的鲜血变成了铃兰艳红的浆果。

十、彼岸花（*Lycoris radiata* Herb.）

彼岸花为石蒜科多年生宿根草本花卉。彼岸花是石蒜花最有名的一个别名，又叫蟑螂花、老鸦蒜、龙爪花等。因为它一般在秋分前后开花，整片的彼岸花如火如血一样让人触目惊心。那时正是古人所谓的秋彼岸日，所以被叫做了彼岸花。先开花后长叶，有花无叶，有叶无花，花叶不相遇，因而有着永远无法相会的悲恋之意，故又叫"无义草"

（相关记载最早见于唐代）。有人用它来比喻没有结果的爱情，"相念相惜永相失"。石蒜花或因为它鲜艳深红的色泽让人联想到血，也或者是因为它的鳞茎含有剧毒，成为死亡与分离的不祥之美。该花在日本象征着"悲伤回忆"，韩国又有"相互思念"之意。

红花石蒜被称为曼珠沙华（红色彼岸花），是《法华经》中的四花之一；白色石蒜叫曼陀罗华（白色彼岸花）；黄色石蒜叫"忽地笑"，因为夏秋之交，自球根处会忽然抽出花茎，破土而出。

彼岸花不仅有很多动人的故事传说，而且有不少以彼岸花为题材的影视音乐创作。如台湾夏米雅的 MV 歌曲《彼岸花》："彼岸花，泪两行，三生石上抹不去的伤。"道出人世间生离死别的无尽悲恸，水墨画面凄美感人！歌手王菲也有一首由林夕作词的《彼岸花》MV 单曲，其歌词"看见的熄灭了，消失的记住了。我站在海角天涯，听见土壤萌芽。等待昙花再现，把芬芳留给年华。彼岸没有灯塔，我依然张望着，天黑刷白了头发，紧握着我火把，他来我对自己说，我不害怕我很爱他……"将彼岸花从开花到谢落的过程借助于光影表现出其唯美与妖娆，以及花叶相错两相望的决绝。让人感觉有一种想象到却接触不到的美，虚幻飘渺，象是在述说，亦象是在哭泣。此外，日本著名影星山口百惠的歌曲《曼珠沙华》十分动听，很有韵味。著名导演小津安二郎的经典影视大片《彼岸花》（1958 年）的数码修复版，在第 70 届威尼斯电影节上首映时，座无虚席。

传说一

很久以前，城市的边缘开满了大片大片的彼岸花——也就是曼珠沙华。守护在彼岸花身边的是两个妖精，一个是花妖叫曼珠，一个是叶妖叫沙华。他们守候了几千年的彼岸花，可是从来无法亲眼见到对方……因为曼珠沙华的生长习性——花开时不长叶子，而长叶子时却不长花。花叶始终不能相遇，生生相错。可是，他们疯狂地想念着彼此，并被这种痛苦深深地折磨着。终于有一天，他们决定违背神的规定，偷偷地见一次面。

那一年，曼珠沙华红艳艳的花被惹眼的绿色衬托着，开得格外妖艳美丽。可是这件事，神却怪罪了下来。曼珠和沙华被打入轮回，并被诅咒永远也不能在一起，生生世世在人间受到磨难。从那以后，曼珠沙华又叫做彼岸花，意思是开放在地狱的花，花的形状像一只只在向天堂祈祷的手掌，可是再也没有在城市出现过……从此，这种花就成为只开在地狱路上的唯一的花。传说彼岸花花香有魔力，能唤起死者生前的记忆。曼珠和沙华每一次轮回转世时，在地狱路上闻到彼岸花的香味，就能想起前世的自己，然后发誓不再分开，却又会再次跌入诅咒的轮回。

传说二

相传以前有两个人名字分别叫做彼和岸，上天规定他们两个永不能相见。但他们惺惺相惜，互相倾慕。终于有一天，他们不顾上天的规定，偷偷相见。正所谓心有灵犀一点通，他们见面后，彼发现岸是一个貌美如花的女子，而岸也同样发现彼是个英俊潇洒的青年，他们一见如故，心生爱念，便结下了百年之好，决定生生世世永远厮守在一起。结果是注定的，因为违反天条，这段感情最终被无情的扼杀了。天庭降下惩罚，给他们两个下了一个狠毒无比的诅咒，让他们变成一种花的花和叶，这花奇特非常，有花不见叶，叶生不见花，生生世世，花叶两相错，这花就叫作彼岸花。

十一、玫瑰（*Rosa rugosa* Thunb.）

玫瑰与月季、蔷薇是蔷薇科植物中的"三杰"，英语中统称 Rose。由于玫瑰茎刺猬集，中国人又叫"刺客"；又因其抗旱耐瘠，扦插易活，又称"离娘草"；其香味芬芳，袅袅不绝，还得名"徘徊花"。无论叫什么，玫瑰所展现出一种隐藏于坚韧中的绝代风华，都为世人称颂。玫瑰早已超越植物学的领域，成为内涵丰富的文化符号。玫瑰在历史上代表着生命的激情与冲动、纯洁、美好、神秘、易逝等。现在全世界范围内，红玫瑰是用来表达爱情的通用语言。但红玫瑰象征爱情的起始年月却难以考究。欧洲见到的第一枝真正的原色红玫瑰叫做"斯莱特中国深红"，于 1792 年从中国引进。育种家已繁殖出各种花色的玫瑰花，大约有三万多个品种。

造物主对玫瑰真是偏心厚爱，赋予它娇艳妩媚的风姿和情义缠绵的意蕴。宋代徐积咏颂道："谁言造物无偏处，独遣此花住此中。叶里深藏云外碧，枝头常借日边红。"雨果说过："我平生最大的心愿，就是在玫瑰花盛开的季节死去。"东西方关于玫瑰的浪漫传说很多，以下只择二三。

传说一

在希腊神话中，玫瑰是希腊花神克罗斯创造的。当初玫瑰只是林中一个仙女的尚无生命的一粒种子。一天，花神克罗斯偶然在森林的一块空地上发现了它。克罗斯请求爱神阿佛洛狄特赋予了它美丽的容貌；让酒神狄俄尼索斯浇洒了神酒，使它拥有了芬芳的气味。又有美惠三女神将妩媚、优雅和聪颖赐予了它。随后，西风之神吹散了云朵，太阳神阿波罗得以照耀它并使它开花。玫瑰就这样诞生了，并立即被封为花中皇后。

传说二

红玫瑰的由来，古代波斯有一则缠绵悱恻的传说。当玫瑰花开的时候，夜莺开始唱歌，人们说夜莺向玫瑰表示爱情。终于有一天，夜莺唱累了，从玫瑰树上掉了下来，胸部被玫瑰刺破，鲜血染红了花瓣。直到现在，西亚人还相信，当夜莺彻夜鸣叫的时候，那一定是红玫瑰花蕾正在怒放的时候。

古代波斯有位男青年，为了表达自己对恋人的一往情深，曾用自己的鲜血将白色玫瑰花染红，送给心上人，他的恋人终于感动了。延续至今，痴情郎往往向意中人送去一朵红玫瑰，以表心中深情的挚爱。

传说三

玫瑰在拉丁语系中的读音为"洛斯"。此名的由来在罗马神话中有这样的传说，花神佛洛拉对爱神阿摩尔并没有感情，而爱着厄洛斯，长期以来就躲着阿摩尔。一天，狡猾的爱神用爱情之箭射中了她，从此佛洛拉为之倾心，可是阿摩尔喜新厌旧，抛弃了佛

洛拉。女神失望之余决心自己创造一种会哭会笑，集悲喜于一身的花来自我安慰。女神看到自己神奇的造物，惊喜得不禁喊出心爱的人的名字"厄洛斯"。但由于生性腼腆，心情激动，她喊成了"洛斯"，从此这种花就得名"洛斯"（英语Rose）。

第二节　花木典故

一、杏坛

人们把教育界称为"杏坛"。据说是孔子聚众讲学之所。《庄子·渔父》："孔子游乎缁帷之林，休坐乎杏坛之上，弟子读书，孔子弦歌鼓琴。"《庄子》这里可能只是寓言，并非实指。后人因之在山东曲阜孔庙大成殿前真的为之筑坛，建亭，书碑，植杏。到了宋乾兴年间孔子四十五代孙孔道辅增修祖庙，移大殿于后，因以讲堂旧基石为坛，植以杏，取杏坛之名，以后历代相承。后来转移为凡是授徒讲学处，都叫杏坛。

二、杏林

人们把中医学界称为"杏林"。三国时东吴的一个叫董奉的名医，为人宽厚善良，治病素不收钱，只要求病人好了以后在他居住的山坡上种杏树，病重者植五株，轻者植一株，作为回报。经过一些年，他治愈病人无数，得杏十余万株，蔚然成林。因他医术高明，功德无量，人称他为"董仙"，称当地杏林为"董仙杏林"。从此，后世以"杏林春暖""誉满杏林"等来称颂医德医术。医家每每以"杏林中人"自居。明代园艺家王世懋认为："杏花无奇，多种成林则佳。"农历二三月，杏花一树万蕊，与桃李争芳斗艳，共同渲染着欣欣向荣的春天，给人带来的是无限的融融春意。

时至今日，"杏林"已成为中华传统医学的代名词，自古医学家以位列"杏林中人"为荣，医著以"杏林医案"为藏，医技以"杏林圣手"为赞。凡习医药者必推崇"杏林精神"，这就是传统中医药文化的开宗。

三、梨园

人们习惯上称戏班、剧团为"梨园"，称戏曲演员为"梨园弟子"，把几代人从事戏曲艺术的家庭称为"梨园世家"，戏剧界称为"梨园界"。

在清乾隆时的进士孙星衍在嘉庆九年（1804年）所撰写的《吴郡老郎庙之记》中载："……余往来京师，见有老郎庙之神。相传唐玄宗时，庚令公之子名光者，雅善，赐姓李氏，恩养宫中教其子弟。光性嗜梨，故遍植梨树，因名曰梨园。后代奉以为乐之祖师……"现代人李尤白撰写的《梨园考论》中，考证了梨园的来历。唐中宗（公元705—710年）时，梨园只不过是皇家禁苑中与枣园、桑园、桃园、樱桃园并存的一个果木园。果木园中设有离宫别殿、酒亭球场等，是供帝后、皇戚、贵臣宴饮游乐的场所。后来经唐玄宗李隆基的大力倡导，梨园的性质起了变化，由一个单纯的果木园圃，逐渐成为唐代的一座"梨园子弟"演习歌舞戏曲的梨园，成为我国历史上，第一座集音乐、舞蹈、戏曲的综合性"艺术学院"。李隆基自己担任了梨园的崔公，相当于校长（或院长）。崔公以下有编辑和乐营将（又称魁伶）两套人马。李隆基为梨园搞过创作，还经常指令当时的翰林学士或有名的文人编撰节目，如诗人贺知章、李白等都曾为梨园编写过上演的节目。

李隆基、雷海青、公孙大娘等人都担任过乐营将的职务。他们不仅是才艺极高的著名艺人，又是诲人不倦的导师。诗人杜甫在他的《观公孙大娘弟子舞剑器行》一诗中，咏叹公孙大娘的舞姿豪迈奔放，"耀如羿射九日落，矫如群帝骖龙翔；来如雷霆收震怒，罢如江海凝青光"。并在这首诗的序言中说过，有一位书法家名张旭，自从看了公孙大娘的剑器舞，他的草书有了很大的长进。唐玄宗李隆基依靠这些杰出的创作人员和导演，造就了一大批表演艺术家。唐玄宗时期（712—756年），也就是所谓的"开元盛世"，封建经济和文化的发展，达到了前所未有的高度，不仅造就了一批中外闻名的文学家和诗人，在舞蹈和音乐等艺术领域里也取得了杰出的成就。在中国戏曲史上占有重要地位的"梨园"，就产生在唐代这块沃土之中。

四、梅妻鹤子

梅妻鹤子作为成语和典故，比喻隐逸生活和恬然自适的清高情态，也成为中国传统绘画的常见题材之一。

林逋（林和靖）（公元967—1024年）字君复，浙江黄贤（今奉化市）人，出生于儒学世家，北宋著名诗人。早年曾游历于江淮等地，后隐居在杭州西湖孤山，终身不娶不仕，埋头栽梅养鹤。传说他"以梅为妻、以鹤为子"，被人称为"梅妻鹤子"。他对梅花体察入微，曾咏出"疏影横斜水清浅，暗香浮动月黄昏"的诗句，为后人广为传诵。

至于林逋"无妻无子"的说法，或许只是一个传说而已。当代杭州作家、茅盾文学奖获得者王旭烽女士在其江南知性之旅第二集《绝色杭州》一书里，特地写到了"处士林和靖"，她在文章中有这样一段很有意味的话：

"都说林和靖终身不娶，方有'梅妻鹤子'之说，我却终有疑惑：那个终身只爱草木禽羽的人，果然能写出《长相思》来吗？

"'吴山青，越山青，两岸青山相对迎，争忍离别情。君泪盈，妾泪盈，罗带同心结未成，江头潮难平'。

"想来，处士林和靖也是有眼泪的，也是有爱情的。梅可爱，鹤可爱，但终究是人最可爱。我曾从杭州地方史专家林正秋先生处得知，林和靖果然是有爱情的，不但有爱情，而且还有婚姻，不但有婚姻，而且还有后代，后代大大的多，一分又为二了。一支

在浙江奉化,人丁兴旺。另一支更了不得了,漂洋过海竟到了日本,到了日本还不算完,竟又成了日本人制作馒头的祖先,这几近乎传奇了。但奉化和日本二支林家,前些年又在杭州胜利会师,摄相于孤山祖先梅下,有林教授挽臂为证。这实在是货真价实的寻根文化了,至于它在学术上经不经得起千锤百炼,要靠史家去百花齐放、百家争鸣。在我,却是希望隐士有后的。绝人情爱的隐士,终不如增人情爱的隐士更可信呢……"

这段文字既抒情,又合乎常理地把长久以来关于林逋终身未娶,在孤山隐居以梅为妻,以鹤为子的传说,用以上事实作了澄清,纠正了过来,为林和靖先生还了正常人的人情味。

五、姚黄魏紫

原指宋代洛阳两种名贵的牡丹品种。后泛指名贵的花卉。

宋·欧阳修《绿竹堂独饮》诗:"姚黄魏紫开次第,不觉成恨俱零凋。"清代赵翼《檀桥席上赋红牡丹》:"姚黄魏紫向谁赊,郁李樱桃也没些。却是南中春色别,满城都是木棉花。"

"洛阳牡丹甲天下",在洛阳牡丹中,姚黄和魏紫是最好的两种名花。关于这两种名贵牡丹的来历,在洛阳民间流传着一个动人的传说。据说,在宋朝的时候,邙山脚下有个名叫黄喜的穷孩子,他父亲很早就去世了,家里只有他与母亲两人相依为命。黄喜为人勤劳朴实,心地善良,他很小就挑起了生活的重担,靠辛苦砍柴卖过日子。每天拂晓,黄喜便拿上干粮上山砍柴。

在上山必经的路上有个石人。离石人不远,有一眼山泉,常年不竭,清冽甘醇。黄喜上下山时,经常在这里解渴、洗涤。山泉旁边长着一棵绽放紫花的牡丹。黄喜来到这里,都会给石人哥"吃"馍,给紫牡丹浇水。日复一日,黄喜长成了健壮英俊的大小伙子,这一天,他又像往常一样,砍完柴后,来到石人面前,取下挂在石人脖子上的干粮袋,笑嘻嘻地说:"石人哥,你不吃馍,那我可吃啦!"吃过后,他又走到山泉边喝了几口泉水,接着又给紫牡丹浇了几捧泉水,然后再挑起柴担下山去。这天黄喜砍的柴特别多,远看就像挑了两座小山,连扁担都压弯了。走了没多久,他便用根木叉支起柴担歇息。这时,一位姑娘从山上走下来,要帮他挑柴。黄喜便连连摆手,姑娘不由分说,便上前把柴担抢来,挑起往山下走去,一口气将柴挑到了黄喜家。黄喜母亲见到儿子领回一个美貌的姑娘,高兴得连忙让座,倒茶。但这姑娘就像来到自己家一样,袖子一卷,下厨房,帮老人生火、擀面,什么活都干,一刻也不闲,黄喜娘欢喜极了。饭后黄喜去集市卖柴。黄喜母亲就拉着姑娘的手说起家常来。姑娘说她名叫紫姑,就住在邙山上,父母俱亡,家中只有她一人。老人就想要她做媳妇了,她将这心愿对姑娘一说,姑娘也就羞答答地同意了。从此,紫姑就在黄喜家住了下来。

紫姑心灵手巧,做得一手好针线,她绣的牡丹活灵活现,就像真的一样。黄喜上街卖柴也顺便带点牡丹花刺绣去卖,总是一下子就被人买去。这样过了一阵子,家境就逐渐好了起来。于是,黄喜母亲就催他俩早日把婚事办掉。但紫姑却说再等一会,等到自已到黄喜家满了一百天，就正式结婚。原来，紫姑的原身即是山泉边那株紫牡丹，她有一颗宝珠，含在嘴里就能成为凡人。含够一百天，便能永远变成凡人与黄喜成亲了。日复一日过去了，含珠已 99 天，再过一天就将期满。第二天，黄喜仍与往常一样上山砍柴。当他走到石人面前时，竟喜不自禁地对石人说："石人哥，我明天就要与紫姑成亲了，你为我高兴吗？"说完，又来到泉水边，想把这喜讯也告诉那株紫牡丹。但他一想自从与紫姑相识后，他就没再在这山泉边见到那株紫牡丹。当时他还以为是谁把它挖走了，心里好几天都不高兴。他不禁脱口问石人那牡丹姐姐究竟让谁挖走了？没想到石人居然说起话来，说："就在你家里！"黄喜大吃一惊，石人怎会说话。这时，石人就对他说，那个紫姑就是紫牡丹变的，她是个花妖，要你含珠子是要吸干你身上的精血、元气，今天是最后一天，明天你就将没命了。你要活命还来得及，那就是回家后把那颗珠子吞下去就行。黄喜信以为真，一回家，便将珠子要来咽下去了。黄喜娘连声追问儿子这是怎么回事？他便将石人讲的话全说了出来。紫姑只好道出实情。原来，那石人是个石头精，它见紫姑貌美，便起意霸占她为妻。紫姑不从，石人仍死死纠缠，但因紫姑有那颗宝珠增加法力护身，石人无可奈何。而且，只要紫姑、黄喜含这颗宝珠满了百天，结为夫妇，那石人就更无计可施了。但黄喜已将宝珠咽下了肚，不仅紫姑失去了护身之宝，而且黄喜也将死去，这样，石人就可施妖法胁迫紫姑从他了。一听此话，黄喜大梦初醒，后悔不已，于是提起斧头上山找石人拼命，将石人击得粉身碎骨。但黄喜肚中的那颗珠子开始作怪了，烧得他心里十分难受，就像一团火焰要从他咽喉中冒出来。他赶忙喝了几大捧山泉，但仍烧得难受，无奈他纵身跳入泉水中。没想到他只在水面上打了个旋，便立刻被泉水吞没。后面赶来的紫姑见黄喜已投身山泉，便也跟着跳了进去。

　　一段日子之后，这山泉旁边长出了两株奇异的牡丹，一株开黄花，一株开紫花，争奇斗艳，相互辉映，人们闻知后，都纷纷上山来观看、欣赏，都说这是黄喜和紫姑的化身。也不知过了多久，这山泉边的两株牡丹分别移植到了洛阳城里姚家和魏家的花园里，从那以后，人们便管姚家的黄牡丹叫"姚黄"，而将魏家的紫牡丹叫"魏紫"。一直到现在，这两种牡丹还是洛阳牡丹中的极品。

第八章 花语及花卉礼仪

第一节 花语

一、花语的概念及内涵

花语（Flower Language 或 Flower Means），习惯地被解释为"花的语言"和"花的象征意义"，如玫瑰象征"爱情"，康乃馨代表"母爱"，满天星寄语"思念"等。然而，它"并非真正是花的语言"，因为"这种语言并不是花卉自身情感的需要与反映"，也不是花儿用来交流的手段。它"实际上是人用花所表达的一种意向"，是"在一定的历史条件下逐渐约定俗成的，为一定范围人群所公认的信息交流形式"。可见，花语是人类为了满足自身传情达意、铭志抒怀的需要，借助自然界的花草为自己代言的结果，"是人们将花人格化、情感化、意象化、神圣化的结果。"因此，从根本上讲，花语是自然人化的产物，是人类的一种特殊的语言形式。既然花儿被公认为世界上最美丽的事物，那么花语就是人类最美丽的语言。

花语是经数世纪锤炼而成的最具象征意义的无声语言，用千姿百态的花朵述说千言万语，能恰如其分地再现生活中真切的含义，淋漓尽致地表达人生的理智与情感，因此，我们要了解花语花意，善从花语识心声。

然而花语并非只存在于美丽的花朵中，许多常见的果实和不以花朵著称的植物也同样具有花语特征，如石榴"多子"，佛手"多福"，桃子"多寿"等，再如松寓"坚贞"，柏意"勇敢"，竹谓"谦虚"等。甚至某些以植物来界定的场所或环境也具有花语特征，如"杏林"指代"医学界"，尤指"中医界"；"杏坛"指代"教育界"等。可见，花语中"花"的范畴并不是单纯的"花朵"和"花卉"的概念，也不是通常扩展的"观赏植物"和"植物"的概念，它既包括各种植物种类（草木皆可），也涵盖各类植物器官（花叶不限），还涉及某些植物群系。因此，它应该是一种更为广义的指代，泛指一切具有植物性的客体。而花语中"语"的范畴则如通常所理解的那样，既有"语言"的成分，也有"象征性"的成分。因此，确切地说，花语是指植物器官、植物种类，以及植物环境等所表征的语汇信息和象征意义。

花语在我们的生活中具有重要的意义和作用。掌握花语知识、特点，能够提高我们的赏花水平，陶冶我们的志趣情操；恰当地运用花语委婉地表达我们的志趣与情感，可以准确有效地进行礼仪交往，避免弄巧成拙。

二、花语的由来

除却一小部分的人为臆造，绝大多数的花语都有其来由或出处，集中表现为以下几条主要途径。

1. 花的形态特征

植物的外貌，尤其是开花时的形态特征常常会引发人们的联想，从而形成和发展了相应的花语内涵。如红掌花苞红艳，状若心脏，故有"火热的心"之语；金鱼草张张龙口，悬成一串，故有"多嘴"之语；仙客来花头低垂，花心暗敛，故有"羞怯"之语；爆竹红形如其名，恰似鞭炮，故有"热烈祝贺"之语；鹤望兰花似鸟头，神若仙鹤，故有"自由"之语；一枝黄花花序饱满，色彩金黄，故有"丰庆"之语；荷包花荷包鼓鼓，故有"财源滚滚"之语等。

2. 花的生长习性

人们通过对植物习性的了解与认识，发现了植物许多的优良品质，可以返照自身，自勉自励。如万年青四季常青，红果经冬不凋，"显示着生命涌动的不衰青春"，故有"青春永驻"之语；梅花凌寒傲雪，溢香清雅，故有"高洁"之语；唐菖蒲花自下而上开，节节升高，故有"步步高"之语；竹"未出土时便有节，及凌云处尚虚心"，故有"气节""虚心"之语；柽柳既耐旱又耐湿，更能耐盐碱，"在极端环境中艰难地保持了自己的位置"，故有"谦卑"之语等。

3. 花的功用

植物对人类的贡献涉及人类生产生活的方方面面，在某一方面具有特殊功能或效用的植物一旦为人们普遍认识和广泛利用后，便容易形成和发展其相应的花语内涵。如被埃及人用作尸体干燥剂的刺柏具有"永生"之意；剧毒的乌头具有"死亡"之意；金丝桃的红色汁液能够改善循环，被归入最具疗效的植物之列，具有"苦尽甘来"之意；为长矛和弓箭提供优质木材的梣树具有"拯救"之意；具有催眠和镇静作用，可以提取鸦片的罂粟同时具有"睡眠""慰藉"，以及"诱惑"和"自绝"之意等。

4. 花名的谐音

谐音文化是语言文化中的普遍现象，人们通过植物名称的谐音拓展了相应的花语，同时也产生了一些避忌。一方面如"桂"谐"贵"音，故桂花有"富贵、显贵"之语；"橘"谐"吉"音（粤语），故金橘有"大吉大利"之语；"桃"谐"图"音（粤语），故桃花有"大展宏图"之语等。另一方面如"钟"谐"终"音，故吊钟花有"吊终"之嫌；"剑"谐"见"，"兰"谐"难"，故剑兰有"见难"之嫌；"茉"谐"没"，"莉"谐"利"，故茉莉有"没利"之嫌等。

5. 花的神话传说

人类对于每种植物的由来与功用有着浪漫的原始猜想，这便衍生出许多围绕植物展

开的神话传说,这些美妙的神话传说不但为有关植物点染了神奇色彩,也相应地丰富了它们的花语内容。如喇叭水仙的"自我陶醉"源自那喀索斯因为爱上自己投在水中的倒影而溺水身亡化身水仙花的希腊神话;郁金香象征"少女"源自荷兰的传说,一个善良的女孩为了不伤害3位求婚者而化身郁金香的美丽故事;桃之"驱鬼""辟邪"源自我国古代神话集《山海经》对桃树生于鬼门的描述等。

6. 花的相关事件

即使没有人类创作的神话传说,植物本身也有着动人的传奇。在人类社会的生产生活中发生着许许多多与植物有关的大小事件,这些事件也会引出或者强化相应植物的某种花语。如蓝蓟的"老天保佑"源自公元13世纪丹麦军队突袭苏格兰城堡的一场战斗;秋海棠的"苦恋"成自陆游与唐婉凄美的爱情经历等。

7. 民风民俗

世界各族人民都有对花草的偏爱,各地百姓也都有各自对于植物的应用习惯,从而形成许多与植物相关的民风、民俗。这些在某一历史阶段或者某一地区较为普遍的社会现象也能引发相应植物的某种花语。如桑梓的"故乡"意象源自我国古代常在家宅旁种植桑树和梓树的现象,萱草的"母亲"意象源自我国古代妇女腰佩萱草花以求子的习俗,梨园的"戏曲"象征源自唐玄宗时期在梨园里演练歌舞戏曲的风气,郁金香的"财富"象征源自荷兰人对于郁金香的狂热等。

另外,古往今来文化名人对于某种植物的青睐与推崇,亦会为相应植物烙下该名人的文化特征,使之具有同样的人文气质,从而形成相应的花语内涵。正如菊之"隐逸"托于陶渊明的相知相惜等。而大量文艺创作中对于植物的运用也能促使花语的生成,如黑郁金香在电影《黑郁金香》上映之后成为"骑士精神"与"胜利"的象征等。

三、花语的特点

1. 丰富性与多样性

花语的语汇内容十分丰富。不单有表征美好品质与情谊的花语,如紫罗兰的花语"质朴、美德",蒲公英的花语"忠诚",千日红的花语"永恒的爱",鸢尾的花语"想念你"等;也有表征不良品行的花语,如洋地黄的花语"不诚实",洋水仙的花语"虚伪",大丽花的花语"移情别恋",天竺葵的花语"愚蠢、荒唐"等。

花语的表述形式十分多样,没有限制,不单有简单的词语,还有复杂的短语,甚至句子也经常出现。如铃兰的花语"失而复得的欢乐",孔雀草的花语"秘密的爱的契约",白色丁香花的花语"让我们相爱吧",杜鹃花的花语"为了我保重你自己",雏菊的花语"我只想见你",白色山茶花的花语"你怎么能轻视我的爱情"等。

2. 广泛性与具体性

正如前面所言,花语载体的来源十分广泛,不单是美丽的花朵,叶子、果实、树木,

第八章　花语及花卉礼仪

以及林园等也都能形成和发展一定的含义，拥有相应的花语。再如枫叶的花语"自制能力"，苹果的花语"诱惑、引诱"，橄榄枝的花语"和平"，橘树的花语"慷慨大度"，橡树的花语"永恒、权威"，悬铃木的花语"好奇、求知欲"，"桃源""桃花源"象征"理想乐土"等。对于栽培较早、应用较广，具有丰富品种的传统花卉来讲，其花语定位十分具体，不同花色或不同数目都对应了不同的花语。如红色康乃馨的花语"祝愿母亲健康长寿"，粉色康乃馨的花语"祝愿母亲永葆青春"，黄色康乃馨的花语"感谢母亲养育之恩"；1 枝玫瑰的花语"你是我的唯一"，3 枝玫瑰的花语"我爱你"等。

3. 普遍性与差异性

从世界范围来看，花语作为一种文化现象是普遍存在的，英国、法国、俄罗斯、中国和日本等许多国家或民族都发展形成了颇为成熟的花语体系。由于受到不同文化背景、宗教信仰和风俗习惯的影响，不同花语体系对于同一种花卉的认识与情感差异较大，对于同一种含义所选择的植物载体也多有不同。

如牡丹的花语对于中国人来讲是"雍容大方、富贵吉祥"，对于法国人来讲则是"拘谨、害羞"；莲花在印度被视为"圣物"受到顶礼膜拜，而在日本则被视为"不祥之物"遭到禁忌等。另如欧美国家的母亲花是康乃馨，日本的母亲花是凌霄花，中国传统的母亲花是萱草；英国以紫色丁香花代表"初恋"，法国以报春花代表"初恋"等。

4. 多义性与同义性

由于人们对于植物的认识可以从多种角度入手，对于植物的应用也可以通过多种形式进行，因此即便在同一花语体系内，同一植物载体的花语内容也可以是多种多样的，呈现出"一花多义"的特征。而且由于人们对于某些品质或某类情感的注重，在同一花语体系内，同一花语内涵也会借多种植物载体来传递和表征，呈现出"多花同义"的特征。如在我国传统花语中，杜鹃花因"望帝啼鹃"而有"怀念"之意，又因"杜二孝母甘替死"而得"奉献"之喻，还因有鹃子和刘鹄凄美的爱情传说而得"永远属于你"之语；莲则因其习性特点而成"君子"之名，因其名称谐音而得"廉洁"之语，又因佛教传说而得"圣洁"之喻等，并且在我国传统文化中由于对君子的看重，所以梅、兰、竹、菊等多种植物便和莲一样被赋予了"君子"的美名。

5. 时代性与发展性

花语并非一成不变。在历史的发展进程中，随着人们认识水平的提高和审美取向的转变，花语也在不断地发展演化，烙下明显的时代特征。一方面，文化间的交流使外俗成为时尚，从而引发新旧观念的更替；另一方面，为开拓市场促进消费而对传统花卉进行了新的解读与诠释，使新的花语被不断发掘和总结。同时，新的花卉品种的诞生也促生了新的花语。

如当今我国的母亲花已由舶来的康乃馨取代了传统的萱草；近年来一串红、金鱼草、红掌、白鹤芋，分别有了"喜洋洋""生意兴隆、繁荣昌盛""鸿运当头""一帆风顺"的花语；玫瑰新贵——蓝色妖姬的花语"清纯的爱，敦厚善良"，1 枝代表"相守是一种

承诺",2 枝代表"相遇是一种宿命",3 枝代表"你是我最深的爱恋"等。

四、常见花卉的花语

由于不同国家、不同民族文化背景不同,而花语又具有多样性、发展性等上述特点,所以,以下花语仅供参考。

1. 玫瑰：真挚的爱情

红玫瑰：热恋

粉红玫瑰：初恋

白玫瑰：纯洁的爱；父爱（日本父亲节送花）；白玫瑰蓓蕾还象征少女

黄玫瑰：道歉；不贞、嫉妒（法国）；父爱（大多数国家父亲节送花）

黑色玫瑰：有个性和创意

蓝色妖姬：珍贵、珍惜

橙黄色玫瑰：青春气息、美丽

三色玫瑰：博学多才、深情

1 朵：你是我的唯一

2 朵：世界上只有你和我

3 朵：我爱你

5 朵：无悔

6 朵：顺心如意

7 朵：喜相逢

10 朵：十全十美

11 朵：一心一意

12 朵：心心相印

36 朵：我的爱只留给你

57：吾爱吾妻

99 朵：长相厮守

100 朵：白头偕老

108 朵：求婚

111 朵：一生一世只爱你

365 朵：天天想你

999 朵：天长地久

1001 朵：爱你直到永远

在植物学上月季、蔷薇、玫瑰三者虽然不同,但在花卉市场上三者通称玫瑰。

2. 郁金香：财富、荣誉、友谊、爱情

红色郁金香：爱的宣言

粉色郁金香：红粉佳人、热恋
黄色郁金香：高贵、财富、友谊；无望的爱
紫色郁金香：忠贞的爱
白色郁金香：失恋、爱已成往事
双色郁金香：喜相逢
羽毛郁金香：情意绵绵

3. 百合：**百年好合、百事合意**

香水百合：纯洁、高贵、心心相印
葵百合：胜利、荣誉、富贵
姬百合：财富、清纯、高雅
狐尾百合：尊贵、欣欣向荣、杰出
玉米百合：执著的爱、勇敢
水仙百合：喜悦、期待相逢
黄百合：早日康复

4. 康乃馨：**母爱**

红色康乃馨：祝愿母亲健康长寿
粉色康乃馨：祝愿母亲永葆青春
黄色康乃馨：感谢母亲养育之恩
白色康乃馨：永远怀念母亲

5. 菊花：**象征高雅、孤傲、友情、长寿**

黄菊花：高雅、孤傲、友情、长寿
翠菊：追想、可靠的爱情、请相信我
春菊：为爱情占卜
六月菊：离别
冬菊：离别
法国小菊：忍耐
瓜叶菊：快乐
波斯菊：野性美
万寿菊：友情
矢车菊：纤细、优雅
麦杆菊：永恒的记忆、刻画在心
非洲菊（扶郎花）：神秘、兴奋；妻子支持丈夫
雏菊（延命菊）：愉快、幸福、天真、和平、希望

6. 风信子花语：**只要点燃生命之火，便可同享丰富人生**

紫色风信子：悲伤、嫉妒、道歉、后悔

白色风信子：暗恋，纯洁清淡或不敢表露的爱
红色风信子：感谢你，让人感动的爱
桃红色风信子：代表热情
粉色风信子：倾慕、浪漫
蓝色风信子：高贵，恒心
深蓝色风信子：因爱而有些忧郁
黄色风信子：有你我就很幸福

7. 丁香花

白丁香：青春欢笑
紫丁香：表示初恋

8. 其他花卉

萱草：母爱、忘忧、解愁
梅花：铁骨冰心、刚直不阿
兰花：高风亮节、淡泊名利
牡丹：富贵吉祥、繁荣昌盛
芍药：爱情、友谊，惜别之情
中国水仙：清丽、脱俗、思念、团圆
秋海棠（断肠花）：苦恋，惜别之情
万年青：友谊长存、青春永驻
大丽花：大吉大利
富贵竹：富贵吉祥
马蹄莲：心心相印、吉祥如意
红掌：火热的心、火红年华、天长地久、大展宏图
龟背竹：健康长寿
天堂鸟：自由、潇洒、多情公子
满天星：思念、爱怜
勿忘我（情人草）：真诚、永恒的爱

第二节　花卉礼仪

花语是人们借花传情、以花明志的前提与基础，是将无言的植物引入人类社会的交际圈，使之成为信使和代言人，不但具有了相应的意蕴，而且具有了一定的人格和品性，实现了植物从自然性到社会性的提升。植物的这种社会性一方面使其在人类生产生活中的地位和角色发生了质的飞跃和转变，同时也使人类获得了一种美丽、浪漫且时尚、环保的交往方式和在人际交往中，花语无声胜有声，其中的含意和情感表达有时更甚于言语。

送花是一门学问，也是一门艺术，用花来表达的语言实在太丰富了，要很好地表达领悟花的含义，才能更好地表达这种艺术。

一、根据不同场合送花

1. 热恋中的男女

一般送玫瑰花、百合花等，这些花美丽、雅洁、芳香，是爱情的信物和象征。

2. 给友人祝贺生日

宜送红掌，象征着"火红年华"，或送摇钱树、发财树等绿色植物，象征事业繁茂，前程似锦。

3. 祝贺新婚

除了用玫瑰、百合、郁金香，香雪兰、扶郎花（非洲菊）外，还可添加菊花、大丽菊、风信子、舞女兰、石斛兰、嘉特兰、大花蕙兰等。选用红掌，表示天长地久；选用鹤望兰，一定要两枝，表示比翼齐飞。

4. 夫妻之间

夫妻若能以鲜花或花束互赠，尤其是结婚纪念日等特殊的日子，定能勾起昔日的甜蜜回忆，增添夫妻感情。夫妻之间可互赠合欢花，合欢花的叶两两相对，晚上合抱在一起，象征着"夫妻永远恩爱"；也可互赠百合花，象征着百年好合，长相厮守。

5. 对爱情受挫折的人

宜送秋海棠，因为秋海棠又名相思红，寓意苦恋，以示安慰。

6. 给病人送花

探病的花宜送兰花、马蹄莲、剑兰等，或选用病人平时喜欢的品种，利于病人怡情养性，早日康复。

7. 拜访长辈

送给长辈的花应选用具有延年益寿含意的花草，如长寿花、万寿菊、龟背竹、百合花、万年青、寿桃、灵芝等，象征健康长寿、永葆青春。尤其是拜访那些年纪较大、德高望重的老者，赠送国兰或松柏、银杏、古榕等盆景，更能表达尊崇的心意。德高望重的老者也可以送兰花，因为兰花品质高洁，有"花中君子"之美称。对于离退休的人，可选兰花、梅花、红枫、君子兰等，敬祝正气长存，保持君子的风度与胸怀。

如果是铭谢师恩，也一样可以送兰花等花材，表示品质高洁、让人尊敬。

8. 祝贺乔迁

乔迁新居是值得庆贺的事，中国人一向以红色代表喜庆，因此花材颜色应以红色系列为主，黄花色系可作为陪衬。此外，以巴西铁、鹅掌叶、绿萝、彩叶芋等盆栽观叶植物或盆景作为贺礼，具有祝贺主人"安居乐业、金玉满堂"之意，并且这些绿叶植物对新居的装修污染也有一定的净化作用，既有吉祥寓意又有实用价值。

9. 升迁

适合送稳重高贵的花木，尤其是盆景，表示对其高风亮节的尊重。

10. 节日期间看望亲朋好友

可选送大丽花、牡丹花、水仙花、桃花、吉庆果、金橘、状元红等表示"幸福吉祥"的花卉。

11. 朋友远行

朋友分别、远行，宜送芍药、杜鹃、垂柳枝，表示难舍难分之意。如果是国际友人，也可选用中国传统名花，比如牡丹、梅花等相赠。

12. 看望父母

可选康乃馨、萱草、百合花、满天星等，也可以将这些花插成花篮或花束，祝父母健康，百年好合，幸福美满。

13. 新店开张，公司开业

可选择喜气洋洋、兴旺发达、财源茂盛、四季常青、好运将至等含义的花材，如万年青、桃花、银柳、发财树等。或送繁花集锦的花篮或花牌，以祝贺生意兴隆，财源广进。

也可以送月季、紫薇、杜鹃等，这类花的花期很长，且花朵繁茂，寓意"兴旺发达，财源茂盛"。

14. 丧事

白菊、黄菊、白玫瑰、白莲花、白山茶等或素色花均可，以示惋惜怀念之情。

15. 给儿童过生日

宜选择花色鲜艳、玲珑剔透的小花篮，加上一些小卡通、动物、玩具、手帕、糖果等礼物，让他们感觉礼物既温馨又实用。

16. 儿女出生满月

儿女降生是人生一大喜事，赠花、贺礼应具有祝贺平安、幸福、喜悦的含义；除了依照花语的含义外，也可按照生日、十二星座、十二生肖幸运花相赠。

17. 迎接贵宾

贵宾来访，或者亲友返乡探亲、学成归国，一下飞机立即献上花环、饰花或花束，表示热烈欢迎，给宾客留下难忘的印象。迎接贵宾的鲜花以红花色系与紫花色系最受欢迎，选择以代表"友谊、喜悦、欢迎、等待、惦念"花语的花材为主。

18. 宴会布置

各种演讲、演唱、舞会、宴会之场所用花圈、花篮、盆花布置会场，具有美化场地，庆贺圆满成功之意。用花环、花束献给主持人或表演者，具有激励鼓舞作用，能缓和紧张的情绪，更能达到提高知名度之功效。

二、传统节日送花

1. 农历春节

时值年春，各种花卉琳琅满目，争奇斗艳，选择赠以贺新年、庆吉祥、添富贵的盆栽植物为佳，例如报春花、富贵竹、仙客来、荷包花、紫罗兰、花毛茛、报岁兰等。可以再装饰些鲜艳别致的红缎带、贺卡、红包等饰物，增添欢乐吉祥气氛。广东等地喜送金橘、桃花。

2. 情人节

情人节是2月14日，许多象征"爱"的鲜花可作为赠花，除了最经典的红玫瑰外，还可选送的花卉有红郁金香、粉色牵牛花、紫丁香、勿忘我等。

女生送男友，可选送扶郎花（又名非洲菊），表示扶助郎君；还有长春花、马蹄莲、紫罗兰、香雪兰、百合等。

3. 母亲节

感怀慈晖，每年5月的第二个星期天是母亲节。母亲节常用的花是康乃馨，它象征慈祥、真挚的母爱，因此有"母亲之花""神圣之花"的美誉。在母亲节的这一天，可以送红色、粉红色、黄色的康乃馨，代表祝福母亲健康，热爱母亲等的含义；白色康乃馨是追悼已故的母亲。因此，必须注意花色，千万别送错。

除此之外，还可送风信子花和萱草。萱草（金针花），既是母亲花，又是忘忧草，把它作为母情节赠花也很相宜。

4. 父亲节

父亲节是6月第3个星期日，石斛兰是"父亲之花"，花语是"父爱、喜悦、能力、欢迎"，表示刚强、坚毅；也可送黄玫瑰、白玫瑰（日本）；送柳枝，表示坦诚、直率；送黄杨，表示冷静、坚定。

5. 端午节

端午节是农历五月初五，宜选用避邪镇恶的艾蒿或菖蒲等。

6. 中秋节

中秋节花礼大多以菊花或兰花为主，各种观叶植物为次，兰花可用花篮、古瓷或特殊的容器组合成盆栽，花期长，姿容高贵典雅，颇受欢迎。

7. 教师节

教师节可选送象征灵魂高尚、桃李满天下、才华横溢寓意的花材，如剑兰、菊花、木兰花、桃花、梨花、悬铃木等。

8. 圣诞节

圣诞节可选用一品红（又名圣诞红、圣诞花）；也可选太阳花，表示在新的一年将欣欣向荣。

用花需要注意的问题

- 在中国的一些传统年节或喜庆日子里，到亲友家作客或拜访时，送的花篮或花束，色彩要鲜艳、热烈，以符合节日的喜庆气氛，可选用红色、黄色、粉色、橙色等暖色调的花，切忌送整束白色系列的花束。
- 在广东、香港等地，由于方言的关系，送花时尽量避免剑兰（见难），茉莉（没利）。
- 日本人忌"4""6""9"等几个数字，因为他们的发音分别近似"死""无赖""劳苦"，都是不吉利的。给病人送花不能带根的，因为"根"的发音近于"困"，使人联想为一睡就不起。日本人忌讳荷花，喜菊花。
- 俄罗斯人送女主人的花束一定要送单数，将使她感到非常高兴。送给男子的花必须是高茎、颜色鲜艳的大花。俄罗斯人也忌讳"13"，认为这个数字是凶险和死亡的象征，而"7"在他们看来却意味着幸运和成功。
- 在法国，当你应邀到朋友家共进晚餐，切忌带菊花，菊花表示哀悼，因为只有在葬礼上才会用到；意大利人和西班牙同样不喜欢菊，认为它是不祥之花，但德国人和荷兰人对菊花却十分偏爱。
- 英国人一般不爱观赏或栽植红色或白色的花。
- 探望病人的花束或花篮不要香气过浓或色彩过于素淡，对病人恢复健康不利。香味很浓的花对手术病人不利，易引起咳嗽；颜色太浓艳的花，会刺激病人的神经，激发烦躁情绪；不要送盆栽的花卉，以免病人误会为久病成根；山茶花容易落蕾，被认为不吉利。
- 玫瑰、勿忘我等忌随意赠异性，以免引起误会；康乃馨不宜赠男性；马蹄莲、火鹤、剑兰等花卉，忌送单枝，因为其意为"孤掌难鸣""剑难"。

三、结婚用花

1. 花材选择

结婚用花关键是花语、花形、花色的选择以及花材品种的正确使用。结婚用花一般多以玫瑰、百合、郁金香、康乃馨等为主，陪衬花材有满天星、一叶兰、常春藤、文竹、广东万年青、苏铁、花叶芋等。这些五彩的花材以其丰富的寓意，可以为新人们的婚礼增添喜庆温馨的氛围。

玫瑰：一般用红色，寓意热情真挚的感情。因为红玫瑰是表达爱情的专用花卉，所以在婚礼鲜花配伍中应用最广泛。玫瑰花容秀美，但并不是所有红玫瑰品种都是好花材。一般婚礼用红玫瑰品种要求花大、色艳、形美、梗长（35~45 cm）、花瓣厚实，如沙特阿拉伯的乌丹玫瑰、英国的红玫瑰等。我国引种的红衣主教、萨曼莎（萨门达）气度高雅，使用较多。

郁金香：是婚礼用花的好材料。常选用红色，表示爱的宣言。

百合：因百合花语为"百年好合"或"百事合意"，所以在我国视为传统吉祥花卉，在人们的婚礼中被广泛使用。古代称红百合为"山丹"，黄百合为"火王"，苏东坡诗中提到"堂前种山丹，错落玛瑙盘"。

康乃馨：大红和桃红的康乃馨是婚礼用花中销量最大的花卉种类。大红康乃馨寓意"女性之爱"，桃红康乃馨寓意"不求代价的爱"。一般常用于新娘捧花和新郎胸花、婚礼花篮、花车、新房等处。

蝴蝶兰：花形似蝶，芳姿艳质，冠压群葩，素有"兰中皇后"之称，是新娘捧花、头花、肩花、腕花、襟花等的主要花材，寓意"我爱你清秀脱俗，青春永驻"。

2. 新娘花束

新娘花束也称新娘捧花，是专为新娘结婚时与穿婚纱礼服相配的一种花束，主要造型有圆形、倒L形、放射形、倒垂形以及各种自由式图形。目前国内主要有圆形和倒垂形两种。主花材选用要求更精致，常用玫瑰、月季、百合、郁金香、马蹄莲、康乃馨等。色彩搭配以协调、典雅的单一色或类似色为多。

新娘捧花的造型、配色以及包装彩带等，都应当与新娘的体形、脸形、气质、服饰等协调一致。譬如身材修长的新娘，应选用圆形捧花；身材较矮胖者，宜选倒垂形捧花；端庄文静的新娘宜选圆形或倒垂形捧花；外向活泼的新娘宜选用自由式造型的花束。花色都应与婚纱礼服相协调，不宜多用对比色相配。彩带应与主花色相协调。

第九章 国花与市花

第一节 我国的国花与市花

一、国花

1. 国花

国花是一个国家和民族的象征,是国家的文化标志、美学徽章,是民族感情和民族文化传统的载体。

我国自隋唐以来一直视牡丹为"百花之王",到了清朝,慈禧"垂帘听政"时将牡丹正式定为国花,并于颐和园修筑国花台。1915 年版《辞海》载:"我国向以牡丹为国花";1929 年前后,国民政府内政部与教育部联合通令全国以梅花为国花,因其品格高贵象征国家和民族(汉、满、蒙、回、藏族)精神。1994 年全国人大八届二次会议期间,有 30 多位代表提案建议评选中华人民共和国的国花,其中有 29 人赞成牡丹花作为国花。2005 年 8 月,由我国著名花卉专家陈俊愉等多位院士在"关于尽早确定梅花、牡丹为我国国花的倡议书"中首次提出了"一国两花",但至今我国国花设立仍悬而未决。

2. 市花

目前,我国共有大中型城市 438 个,其中已有 167 个城市评选出了市花。在 167 个评选出市花的城市中,以月季为市花的城市有 46 个,分布在我国中部及沿海地区。市花使用频率位居前 10 位的花卉中,中国"十大"传统名花有 8 种,见表 9.1(陈冠群等,2012)。

表 9.1 我国评选出市花的物种及使用频率

序号	花卉名	频率	序号	花卉名	频率	序号	花卉名	频率
1	月季	46	16	朱瑾	3	31	木芙蓉	1
2	杜鹃	13	17	大丽花	3	32	百合	1
3	桂花	12	18	广玉兰	3	33	红花檵木	1
4	菊花	10	19	三角梅	3	34	天女花	1
5	石榴花	10	20	蜡梅	3	35	白兰花	1
6	山茶	9	21	迎春	3	36	黄色石斛兰	1
7	荷花	8	22	玉兰	2	37	水仙	1

第九章 国花与市花

续　表

序号	花卉名	频率	序号	花卉名	频率	序号	花卉名	频率
8	梅花	8	23	羊蹄甲	2	38	蝴蝶兰	1
9	玫瑰	7	24	凤凰木	2	39	鸡蛋花	1
10	紫薇	7	25	金边瑞香	2	40	云锦杜鹃	1
11	兰花	5	26	茉莉	1	41	黄刺玫	1
12	牡丹	4	27	金凤花	1	42	柽柳	1
13	木棉	4	28	翠菊	1	43	天目琼花	1
14	栀子花	4	29	君子兰	1			
15	丁香	4	30	刺桐	1			

从该表可见，十大名花排列顺序发生了很大变化，"百花之王"牡丹被月季花取代，引起这些变化的原因可能有：

（1）赏花对象的不同。过去多是帝王将相、才子佳人以借物抒情、励志为主，而今天的市花是广大市民喜爱的，并与他们的日常生活息息相关的。

（2）赏花范围的扩大。过去皇城多在中原地区（黄河流域），而只有皇城才有赏花的条件，故传统名花也多分布在此区域。

（3）传统名花中的等第观念转变。因为传统观念中帝王的地位高于皇后的地位，所以"百花之王"牡丹一定排在"花中皇后"月季之前，同样，"花中西施"杜鹃（宠妃）位居"凌波仙子"水仙（美女）之前。

（4）花卉观赏价值不同。传统名花的鉴赏在于它的寓意，如文人墨客多赞赏"花中四君子"梅、兰、竹、菊的品格，而市花的设立多以其栽培适应性为主，46个城市以月季为市花就是很好的佐证。

（5）受经济条件制约。传统名贵花卉多在经济发达的大中城市，如绍兴兰花、漳州水仙，而适应性强的大众花卉多作为生态条件差、经济欠发达城市的市花，如青海格尔木市柽柳、西宁市丁香。

（6）花文化传播方式不同。古代由于花卉知识传播的途径有限，多见于文人的诗词，现代全球经济一体化，文化的传播使得一些西方的花卉受到大众的青睐，如玫瑰、月季、郁金香、百合等。

（7）生活观念的改变：现代人追求简约、热烈、奔放的生活方式，故喜欢感官强烈的色彩，如玫瑰、月季、杜鹃、山茶、紫薇等，而含蓄、淡雅的兰花、菊花、荷花、水仙等则受到了冷落。

市花的设定目前尚没有一个明确、统一的标准，但应该具备下列条件之一：

（1）为当地居民广泛喜爱的植物品种，如香港紫荆花、成都木芙蓉、南京梅花。

（2）适应当地的气候、地理条件，并作为主产地，如漳州水仙、扬州琼花、杭州桂花、兰州玫瑰。

（3）本身所具有的象征意义代表了该市（地区）的文明和城市文化，也是现代城市的一张名片，如北京菊花、上海白玉兰、广州木棉、洛阳牡丹、济南荷花等。

我国各地市花评选活动远比国花评选早。1928 年 7 月，南京国民政府倡导北平、广州、南京、上海、天津、青岛、汉口等 7 市，本着"适应世界潮流之趋势，援照欧美各国之先例"，展开评选市花活动。与国花不同，市花是代表一座城市的花卉，故更容易被评选出来。1992 年，陈俊愉先生撰文高度赞扬我国市花评选"十年成绩斐然"。2006 年，潘剑彬提出了市花、市树的选择应能够代表城市的文化内涵、人文精神和地域特征，并且为市花的后续工作提出了建议。

第二节　世界各国的国花

一、设立国花的国家

世界发达国家一直都十分重视国花的评选，并已有几百年甚至几千年的历史，如古希腊（公元前 12—8 世纪）是历史上最早设立国花的国家；英国、荷兰、希腊、西班牙、加拿大、日本、韩国、孟加拉国等国家也将国花作为国家形象展示的一个有效窗口。

每一个国家都有自己特定的自然环境、历史文化和民族习俗，不同国家和民族对国花的选择方式也不尽相同。有人统计，截止 2013 年已有 127 个国家（地区）设立了国花（见附录三），占国家总数 2/3。

二、世界各国国花设立方式

有人对世界各国国花的设立方式作过调查统计，结果见表 9.2（陈冠群等，2012）。

表 9.2　世界各国评选和设立国花的不同方式统计表

设立方式	占设立国花的国家比例（%）	设立的典型例证
政府根据本国环境和大多数人民的意愿	36.73	马来西亚、尼泊尔、菲律宾、澳大利亚、新西兰、保加利亚、荷兰、意大利、加拿大、墨西哥、阿根廷、玻利维亚、智利等大部分国家
花卉观赏价值、经济价值	25.51	保加利亚大马士革蔷薇、荷兰郁金香、希腊油橄榄、加拿大糖枫、法国香根鸢尾
历史故事、宗教演变	13.27	伊拉克、爱尔兰、法国、印度、孟加拉国等以宗教而定；苏格兰、葡萄牙、智利、秘鲁、墨西哥等依历史故事或传说而设立
民间与法定结合方式	12.24	日本王室认定国花是菊花，民间则以樱花为国花；意大利法定国花是意大利松，但民间认定是雏菊

续 表

设立方式	占设立国花的国家比例（%）	设立的典型例证
从皇朝、王室所用标记图案而来	7.14	英国犬蔷薇、法国香根鸢尾、日本菊花、阿富汗小麦等
神话故事、民间传说演变	5.10	古希腊国花油橄榄是由神话产生的，并且是最早认定为国花的一种植物
随时代变化而改变	4.08	荷兰最早定国花为金盏菊和麝香石竹，后来改为郁金香；墨西哥传统国花是柠檬梨，后来把大丽花作为法定国花

可以概括出国花设立的主要方式有：① 政府根据本国情况具体制定；② 花卉观赏价值、经济价值；③ 由本国历史、民俗和宗教演变；④ 由民间、法定等多种方式结合；⑤ 从皇朝、王室所用标记图案而来；⑥ 顺应时代要求而改变。

三、各国国花所用植物种类

有人统计过，世界各地在被选作国花的50种植物，被2个以上国家同时选为国花的植物共有18种，见表9.3（陈冠群等，2012）。

表9.3 世界上选作国花的植物种类及使用频率

序号	花卉名	频率	序号	花卉名	频率	序号	花卉名	频率
1	蔷薇	10	18	石榴	2	35	仙人掌	1
2	睡莲	4	19	金合欢	1	36	虞美人	1
3	香石竹	3	20	银莲花	1	37	西番莲	1
4	朱槿	3	21	木春菊	1	38	鸡蛋花	1
5	郁金香	3	22	雏菊	1	39	樱花	1
6	月季	2	23	三角梅	1	40	旅人蕉	1
7	卡特兰	2	24	那不勒斯仙客来	1	41	迎红杜鹃花	1
8	矢车菊	2	25	菊花	1	42	树形杜鹃花	1
9	三色堇	2	26	嘉兰	1	43	杜鹃花	1
10	铃兰	2	27	木槿	1	44	芸香	1
11	象牙红	2	28	香根鸢尾	1	45	孔雀草	1
12	姜花	2	29	龙船花	1	46	白车轴草	1
13	向日葵	2	30	素馨	1	47	卓锦万代兰	1
14	毛茉莉	2	31	薰衣草	1	48	大树丝兰	1
15	火绒草	2	32	橙花珠芽百合	1	49	马蹄莲	1
16	丽卡斯特兰	2	33	欧洲白百合	1	50	百日草	1
17	荷花	2	34	欧洲夹竹桃	1			

第十章 花 艺

花艺是花卉艺术的简称,指通过一定技术手法,将花材排列组合或者搭配使其变得更加赏心悦目,从而表现一种意境,体现自然与人以及环境的完美结合,形成花的独特语言,让人解读与感悟。狭义的花艺指插花,广义的花艺比较丰富,凡将花材经过人工处理,赋予花卉新的艺术生命的,都可称为花卉艺术,包括插花艺术、押花艺术、盆景艺术和摆设花、服饰花、手捧花等。

第一节 插花艺术

一、插花艺术及其起源

1. 插花艺术的概念

"插花"即指将剪切下来的植物之枝、叶、花、果作为素材,经过一定的技术(修剪、整枝、弯曲等)和艺术(构思、造型设计等)加工,重新配置成一件精致美丽、富有诗情画意、能再现大自然美和生活美的花卉艺术品,故又称其为插花艺术。插花艺术是人们表现自然的生命、展示自然的魅力以及人的内心世界对自然、人生、艺术和社会生活体悟的媒介,是人们借助于自然界的花草作为修身养性、陶冶情操、美化生活的一种方式。

狭义的插花艺术仅指使用器皿插作切花花材的摆设花;广义的插花,凡利用鲜切花花材造型,具有装饰效果或欣赏性的作品,都可称为插花艺术。既包括使用器皿的摆设花,也包括不用器皿的摆设花,还包括花束等。

2. 插花艺术起源

插花最早起源于古埃及和中国,古人很早就以花来祭祀神佛、以花来装扮自己、表达自己的情感。插花艺术的起源应归于人们对花卉的热爱,通过对花卉的定格,表达一种意境来体验生命的真实与灿烂。中国插花源于古代民间的爱花、种花、赏花、赠花、佩花、簪花。我国在近 2 000 年前已有了原始的插花意念和雏形,各朝关于插花欣赏的诗词很多。至明清时期,我国插花艺术不仅广泛普及,并有插花专著问世,如张谦德著有《瓶花谱》,袁宏道著《瓶史》等。中国插花艺术发展到明朝,已达鼎盛时期,在技艺上、理论上都相当成熟和完善;在风格上,强调自然的抒情,优美朴实的表现,淡雅明秀的色彩，简洁的造型。中国近代由于战乱等诸多因素，插花艺术在民间基本上消失。直到改革开放以来，随着国民经济的发展，人民生活水平逐步提高，鲜花才逐步回到了人们的生活当中。

在我国插花的历史源远流长，发展至今已为人们日常生活所不可缺少的一种艺术形式。一件成功的插花作品，并不是一定要选用名贵的花材、高价的花器。一般看来并不起眼的绿叶花蕾，甚至路边的野花野草、常见的水果、蔬菜，都能插出一件令人赏心悦目的优秀作品来。使观赏者在心灵上产生共鸣是创作者唯一的目的，如果不能产生共鸣，那么这件作品也就失去了观赏价值。具体地说，插花作品在视觉上首先要立即引起一种感观和情感上的自然反应，如果未能立刻产生反应，那么摆在眼前的这些花材很难吸引观者的关注。在插花作品中引起观赏者情感产生反应的要素有三点：一是创意或称立意，指的是表达什么主题，应选什么花材；二是构思（或称构图），指的是这些花材怎样巧妙配置造型，在作品中充分展现出各自的美；三是插器，指的是与创意相配合的插花器皿。三者有机配合，作品便会给人以美的享受。

任何一件艺术作品都要有一个与之相协调的环境，插花作品与环境的配合也十分重要。插花装饰需依环境及场合的性质而定，不同场合和对象要用不同的花材。如盛大集会商厦、酒楼开业，以及宴会厅等隆重场合用花，花材色彩要鲜艳夺目，花形硕大，以展示热闹、有气派；反之，哀悼场面用花宜淡雅、素净如白色、黄色花材，借以寄托哀思。应用插花来烘托气氛、渲染环境，能起到画龙点睛的作用。

对中国人而言，插花作品被视为天人合一的宇宙生命之融合。以"花"作为主要素材，在瓶、盘、碗、缸、筒、篮、盆等七大花器内造化天地无穷奥妙的一种花卉艺术，其表现方式颇为雅致，令人把玩，爱不释手。

在国际上，日本历来是汉文化"东渐"的温床，中国的插花艺术经日本的遣唐使带回国内，在日本掀起了学习中国插花艺术的热潮。日本人将中国的插花艺术融汇吸收，并创造了日本风格的"花道"；美国插花已经通过艺术实践、商业合作以及国际比赛的形式得到了全面的发展（譬如花艺世界杯大赛），出现了诸多流派的花艺大师，并且形成了各自不同的风格、流派，他们把高阶花艺带入了种类繁多的生活、商业、娱乐空间，让人们在品味提升的同时，自然地接受和推崇花艺师在场景设计、布控的重要作用。

二、插花的艺术性和表现力

虽然插花来源于民间的生活习俗，但将其作为一门艺术，就应有别于民间随心所欲的插作，而是将具有观赏价值的切花花材，根据造型艺术原理，通过摆插而表现其活力和自然美的造型艺术。也可以说，它是以切花为主要素材，进行艺术造型的一项艺术创作活动。插花艺术源于生活却又高于生活，不仅给人以艺术形态上美的享受而且能够给人们精神上的寄托。插花不是单纯的各种花材的组合，现代艺术插花不过分要求花材的种类和数量的搭配，但十分强调每种花材的色调、姿态和神韵之美。用一种花材构图，也可以达到较好的效果。不同的构图以及与不同花材花器的组合，达到的效果则是完全

不同的，这也就是艺术插花的表现力。

艺术插花最讲究的是作品的意境，而对花材和花器的选择几乎没有限制。插花构图注重立体感和空间感，要留空白，给人以想象的余地。艺术插花通过搭配组合，可以把非常不起眼的材料组织成具有高雅情趣的艺术品。这也是插花的魅力所在。

一件好的作品之所以有较高的艺术魅力和生命力，是由于作者善于观察自然，能深入观察和了解植物的生长习性，思考其美之所在，其美之精华，并敏锐地捕捉花卉植物最美的瞬间，进行艺术加工，融入个人的情感与审美，使作品展现出充沛的自然生命力和美感，具有能震撼人心灵的感染力。插花作品既不是自然美的重复，也不是对他人作品的模仿，而是经过作者精心创作，具有独特个性和表现力的作品。艺术插花作者须平时注重积累花卉的形象，熟悉花卉的丰富语汇，具备一定的美学理论基础知识，熟悉绘画音乐，这样才能不断地创作出体现真善美的作品。

三、插花艺术流派和风格

文化艺术的产生和发展，离不开滋养它的土壤。世界各地各民族的插花风格，随地理环境、风俗习惯、宗教信仰、文化背景等的不同而表现出差异。以中国和日本插花为代表的东方插花和以传统欧洲插花为代表的西方插花，就是世界插花艺术上风格迥异的两个最大流派。

（一）东方插花艺术

东方插花以优美的线条、深邃的意境、简洁的花材、清新淡雅的配色为特征，艺术效果清新秀丽、清雅脱俗、富有诗情画意。

崇尚自然，师法自然：力求表现花材自然的形态美和色彩美，反对刻意造作。以顺乎自然之理，富有自然之趣为原则。"虽由人作，宛自天开"，是插花作品的最高境界。

讲究诗情画意，注重意境美：以诗、画等文化内涵为发展背景，以直觉思维为主，不仅注重花材形体美和色彩美，而且更讲究以花传情，以花达意，追求插花作品的深刻内涵和诗情画意的意境美。

用花不多，造型追求线条美：东方插花选用花材十分考究而精练，不以量取胜，而以花材的姿态和质量为先，着力展现花材个体的线条美，所以作品中用花种类和数量少，色彩简单。线条造型是东方插花的一大特色，花材线条的粗细、平斜、曲直、张弛、高低等变化，给人感官以不同的感受，具有极强的表现力。

采用不对称式自然构图：东方插花作品外形轮廓采用不对称式自然构图，虽然有直立式、倾斜式、平展式、下垂式等四类基本构图形式，但是并没有严格的不变格式，通过高低错落、动势呼应、俯仰顾盼、刚柔曲折各得自然之妙，形成变化万千的不对称式图形。其作品清新自然，秀丽多姿，不受任何形式或格式的限制，可以根据主题或环境布置的需要，充分发挥作者的创作才能。

花材人格化：自古以来，人们在爱花、赏花中，对花草树木产生了浓厚的感情，以花为伴,以花为友,流传下来很多动人的故事。如陶渊明与菊花、李白与牡丹、林和靖与梅花等。中国在隋唐以后,树木花草多被人格化,被赋予种种深刻的寓意,表达人们对自然、对社会、对人生的态度。在插花创作中,根据主题选用,会引起欣赏者的共鸣,取得意想不到的成功。

重视季节特点:不同的季节有不同的花开,每个季节都有其代表性的花材,一般要用代表那个季节的花材来插作。这种应时的特色,使作品富有现实的感染力,使人真切感受到该季节的动人景象。

重视作品与环境的统一:东方插花注重作品与环境的统一、协调。插花作品只有陈设在与其相适应的环境中,作品优美的形质特色和主题思想才能充分发挥出来。

(二)西方插花艺术

西式插花以欧美国家为代表,它受西方建筑学、雕塑学以及色彩学、解剖学、透视学的影响,强调外形和色彩,以规则的几何外形为导向,花繁叶茂,色彩浓艳热烈,极富装饰美,艺术风格明显。

崇尚人的力量、人的精神:古希腊人认为健全的精神源于健全的身体,于是形成人的"自我崇拜",崇尚人类征服自然的威力,以人为本,宣扬人性,追求个性自由,喜欢开敞外露的艺术风格。这与东方插花崇尚自然、讲究含蓄的"藏之愈深,其境愈大"的艺术风格形成鲜明对照。

注重花材整体的色彩美、图案美:不过于考究花材个体的线条美和姿态美,而强调整体的艺术效果,着重欣赏整体华美的图案和色彩。

基本构图形式为规整的几何图形:西方插花的主要构图形式是各式各样的几何图形。如对称式的有等腰三角形、倒T形、扇形、半球形、球形、菱形、椭圆形等;不对称式的有不等腰三角形、L形、S形、新月形等。花材排列较密集而整齐,形成丰满规整的各种图形。

作品中花材种类多、数量大、色彩丰富:西方插花作品,为完成色彩缤纷的规整造型,使用花材种类多,数量大,色彩变化多。作品在用色上十分考究,给人雍容华贵、端庄大方的感受。

通过外表形式表现作品主题:西方插花作品多直接用外表形式来阐明作品的主题,如用红色的心形作品,表现爱情的主题,用十字架形的作品,表示哀悼等,充分表现出了西方插花豁达率直的风格。

除以上两大流派之外,还有现代插花艺术流派,糅和了东西方插花艺术的特点,既继承了插花艺术的传统,又吸收了现代造型艺术的原理,既有优美的线条,也有明快艳丽的色彩,更渗入了现代人的理念,追求自由、变异,融入一些抽象元素,表现力更丰富,造型更美观,更能表达现代人的感情、愿望,具有时代美。

四、插花技艺

插花是门立体造型艺术,看起来简单,做起来并不容易。有些插花用花不多,技巧

也简单,但是插起来一人一个样,因为每个人对花材的处理和对花材表情的把握都不一样,需要艺术素养和技巧。除了学习插花,还要注意身边的植物,枝条是如何生长的,花朵是如何开放的,只有了解在大自然中她们的状态,才能插出有生命力的作品。另外,学习色彩、构图等美学、艺术、文学等方面的知识也是很有必要的。

(一)插花作品的设计

1. 根据内容来设计

先确定自己想要表达的内容,比如想要插一个母亲节的花,那么就可以开始根据母亲节来选择花材了,用石竹、康乃馨还是萱草。

再选择花器,因为是作为礼物,所以要选风格温和的花器,或是收礼人喜欢的花器。

2. 根据摆放的位置来设计

如果是居家插花,那么家居的风格是什么?家居的色彩是什么,摆在餐桌、书房还是卫生间。

客厅是现今活动的主要场所,用来接待亲友。客厅插花一定要突出热烈、祥和,要求色彩艳丽、充实而丰满。

书房插花清雅飘逸、枝叶疏密,使人感到幽静、清爽。

卧室摆放柔美纤细、典雅质朴的插花,可让人感到安宁舒适。最忌色彩过于艳丽。要以浅色为主,如晚香玉、水仙、蜡梅、浅色月季等,重点体现淡、简、雅三个字,烘托出一个恬静、幽雅的环境。若花材选用有香味者则更佳,可使人轻松舒畅,悠然入梦。

如果是礼仪插花,那么先确定是节日庆典还是看望病人,这些确定了再选择花材、花色、花器。温暖的色调(红、橙、黄)适于喜庆集会、舞场餐厅、会场展厅;而冷色调(浅黄、绿、蓝、紫、白)常用于悼念场所。看望病人的花就不能太浓艳,不能有强烈的气味,花器也不能太大、太笨重。

3. 根据花材来设计

首先根据花材的花语来设计,比如康乃馨适合做母亲节的插花,松柏适合做祝寿的作品。再确定花材的颜色,浓艳颜色的花适合做庆典插花,清雅色彩的花适合做文人插花。然后确定花材的造型,线条轻盈的还是粗壮、有力度的等。木本求其深重有力,草本求其鲜明可人。自然式花艺以丽不乱性、艳不炫目的色彩为主,纵使无花,亦可用苍松翠柏做主角。而图案式花艺则色彩浓厚,火爆热烈,亦可将反差强烈的颜色集于同一作品之中。

4. 根据花器来设计

根据花器风格设计,花器西式的就插西式插花,花器是东方式的就做东方式的插花。再根据花器的颜色确定花材的颜色,主花的颜色往往和花器做对比,那样就能把花凸显出来。素色的细花瓶与淡雅的菊花有协调感;浓烈且具装饰形的大丽花,配釉色乌亮的粗陶罐，可展示其粗犷的风姿；浅蓝色水盆宜插以低矮密集粉红色的雏菊或小菊；晶莹剔透的玻璃细颈瓶宜插非洲菊，并使花材枝茎缠绕于瓶身。

创作一个插花作品要考虑很多元素，这些元素不是独立的，而是相互影响的，所以要综合考虑，互相协调才能设计好一个插花作品。但插花有原则，无定式，因此可以根据需要自由发挥。花枝可插一种或两三种，做到有神有色，搭配巧妙，摆放得体。这一方面，前人曾有这样的经验总结："一枝二枝正，三枝四枝斜，宜正不宜曲，斗清不斗奢。"

（二）基本花型

1. 东方式

东方式插花与西方插花的追求几何造型不同，东方插花更重视线条与造型的灵动美感。

东方插花的花型由三个主枝构成，因流派的不同称"主、客、使""天、地、人"或是"真、善、美"。虽然称号不同，却都表达了东方人的哲学思想。在中华花艺中我们把最长的那枝称作"使枝"。以"使枝"的参照，基本花型可分为：直立型、倾斜型、平出型、平铺型和倒挂型。

直立型：使枝直立而插，倾斜角度最多不超过30°。花型平和、稳重，正式隆重的场合多用直立型。

倾斜型：使枝倾斜而插，角度在30°～60°之间。花型悠闲、秀美，随意而插的作品适用日常生活。

平出型：使枝由花器口倾斜而插，角度在60°～90°之间。花型洒脱、有强烈动感，有个性，在特别场合插做。

平铺型：使枝不同与其他花型要"先立而后斜出"，而是直接依附花器器沿或水面而插。花型平和、舒适有满足感。

倒挂型：使枝由花器立出而弯曲至花器器沿以下。花型有强烈的征讨、冒险意味，表现出强烈的生命感。

2. 西方式

西式插花一般指欧美各国传统的插花艺术形式。花多而色彩艳丽，多以几何图形构图插制，这里介绍几个常用的西式插花基本花型。

半球型：这是我们见得最多的花型。将花材剪成相同长度插在花泥中，形成一个半球形状。半球型花是一个四面观的花型，柔和浪漫，适用于婚礼、节日等很多场合。

三角型：又分为对称三角型和不对称三角型。在古埃及等古文明中，常作为装饰应用。对称三角型较稳定，但都是单面观的花型，常用于墙边桌面或角落家具上。

水平型：水平型花也是四面观的花型，源自古希腊时祭祀坛上用的装饰花，现在常用到会议桌、餐桌、演讲台上。同半球型相似，水平型花也是四面都好看的花型，豪华富丽。

花扇型：扇形花为放射状的半圆花形，豪华美丽，就像是孔雀开屏。起源于宫廷贵妇手中常拿着的羽毛、蕾丝做的扇子。摆放在玄关、壁饰和靠墙摆设的桌上都很合适。

瀑布型：就像一层层的瀑布，瀑布型的花由上而下地插制，具有流动感，柔美浪漫。这也是除了球形以外最常用的新娘手捧花花型了。

西式插花还有"圆锥型""椭圆型""球型""垂直型"，还有以字母形状造型的"S型""T型""L型"等，都有其各自的魅力。

（三）花材选择

只要具备观赏价值，能水养持久或本身较干燥，不需水养也能观赏较长时间的，都可以剪切下来用于插花。常用的切花材料，主要有唐菖蒲、月季、蔷薇、菊花、牡丹、芍药、鸢尾、银柳、玫瑰等。插花的材料不止限于活的植物材料，有时某些枯枝及干的花序、果序等也具有美丽的形态和色泽，同样可以插花。现在的花卉市场上还有许多人工加工的干花，也是很好的插花材料，他们虽然没有鲜花那样水灵和富有生机，但却具有独特的色泽，摆放耐久。

（四）插花器具

1. 插花容器

用于插花的容器种类很多，有陶器、玻璃器皿、藤、竹、草编、塑料、树脂等，要根据设计的目的、用途、使用花材等进行合理选择。

玻璃花器：玻璃花器的魅力在于它的透明感和闪耀的光泽。混有金属酸化物的彩色玻璃、表面绘有图案的器皿，能够很好地映衬出花的美丽。

陶瓷花器：这是插花最常用的容器。中式、日式、西洋式各有千秋，且突出民族风情和各自的文化艺术。所以在使用选择上首先应与设计的式样一致为佳。

塑料花器：价格便宜，轻便且色彩丰富，造型多样。设计用途广泛。

藤、竹、草编：形式多种多样，因为采用自然的植物材料，可以体现出原野风情，比较适宜无造作的自然情趣的造型。

金属花器：由铜、铁、银、锡等金属材质制成，给人以庄重肃穆、敦厚豪华的感觉，又能反映出不同历史时期的艺术发展。在东、西方的插花艺术中，是必不可少的器具。

素烧陶器：在回归大自然的潮流中，素烧陶器有它独特的魅力。它以自身的自然风味，使整个作品显得朴素典雅。

2. 插花基本用具和材料

合理地选择和使用道具可以延长花期，同时反映出设计者的艺术修养和技术水平。

胶带：有纸和塑料的，一般用来包在铁丝的外面，特别是经过加工后的花材为了防止脱水而使用。颜色有许多，要根据花茎的颜色和设计的目的选用。

铁丝（或铜丝、铝丝）：固定或保持花枝的形态、人工弯曲加工时需要用到铁丝。铁丝的种类很多，而且有不同的型号，根据粗细分为18~30号，依设计意图来选用。

花剪和花刀：是剪切花茎、枝条最主要的工具。根据修剪的花材的不同，有选择地

第十章 花 艺

使用。一般而言，修剪一些韧性的枝条时用花剪，修剪鲜花的长短时用花刀。因为花刀的切面较平缓，切口是斜面，益于保鲜。

花泥：花泥是用来固定花材的、吸水性很强的化学制品。保水性好，使用方法简单。花泥分为鲜花泥和干花泥两种。干花泥一般是茶色的，而鲜花泥是绿色的。花泥有各式各样的形状，要根据花型选定。干花泥用于干花设计，不能吸入水分。鲜花泥需要充分浸透水分才能使用，浸水时要尽量使花泥自然吸水，不要施加任何压力，否则会造成外湿内干的状况，影响切花的吸水效力。

此外，还有花插、铁丝网、大头针、订书钉等器具用于插花固定或造型。

（五）插花步骤

1. 修剪

首先要去掉花卉的残枝败叶，根据不同式样，进行长短剪裁，根据构图的需要进行弯曲处理。为了延长水养时间，适合水中剪取，防止空气进入花茎，影响花材的吸水性。修剪根据花材不同，选用的剪法也不同，如木质花材，应采用十字剪枝法，花茎比较粗大的可选用平剪法，一般常用斜剪枝法。

2. 固定

一般在花器的瓶口处，按照瓶口直径长度，取两段较粗枝干，十字交叉于瓶口处用于固定花枝。专业插花，还要花插、花泥、铝丝等工具进行固定。

3. 插序

一般先插花后插叶，这样容易在插叶的时候将花的高度降低。具体插序是：选材—插衬景叶—插骨架花—插焦点花—插主叶—插配花—插配叶，最后填充零星花材，保持整洁。

（六）插花基本"六法"

插花基本六法是前人总结历代插花的理论，以艺术形式美的原理，结合现代中国插花的实践而得出的插花造型具体原则，即高低错落、疏密有致、虚实结合、俯仰呼应、上轻下重、上散下聚。

1. 高低错落

花材要求在多维空间用点、线、面等造型要素进行有层次的布置，上下、左右、前后层次分明而又趋向统一，避免主要花朵在同一水平线或同一垂直线上。

2. 疏密有致

花材应有疏有密，自然变化。画论说，疏可走马，密不透风；疏如晨星，密若潭雨；疏密相间，错落有致。一般在作品重心处要密，远离作品重心处要疏。作品中要留空白，

有疏密对比，不要全部插满。

3. 虚实结合

衬材与主花相辉映，有形与无形相呼应，给实以生命、灵性和活力。虚实结合可以有多种理解，主要是指视觉可视之处，有形之景为实；思维想象之处，无形之景为虚；花为实，叶为虚，有花无叶欠陪衬，有叶无花缺实体；花苞为虚，盛花为实；中心花、正面花为实，侧背花为虚；块状花为实，细碎花为虚；面状叶为实，线状叶为虚。绘画中的留白即是实中留虚的处理手法，应用于插花使人产生空灵玄妙之感，也可以此增强疏密对比。

4. 仰俯呼应

无论是单体作品还是组合作品，都应该表现出它的整体性和均衡感，花材要围绕重心顾盼呼应，神志协调。

5. 上轻下重

花材本无轻重之分，只是因质地、形态和色彩的差异造成心理上的轻重感。质地、外形相似的花材组合在一起，较易取得协调，在此基础上将不同色彩的花材配合也可以取得绚丽多彩又协调统一的效果。一般情况下，形态小的、质地轻的、色彩淡的，在上或外；反之要插在重心附近，保持作品的重心平稳。如盛花在上，下面插成丛花苞；深花在上，下面可插成丛浅花，以达到作品重心平衡。

6. 上散下聚

上散下聚指花材各部分的安插基部要像树干一样聚集，上部如树枝分散，自然有序，使作品既有多变丰富的个性又要有统一性。

（七）插花保鲜

插花萎蔫的原因有蒸腾失水；空气进入导管，气泡阻碍吸水；乳汁多的植物，乳汁堵塞导管，阻碍吸水；细菌感染使切口腐烂，丧失吸水能力。所以，可以根据不同花材萎蔫的原因采取水中剪切法或深水养护法等各种措施，延长花期。

第二节 押花艺术

一、押花及其艺术

押花就是撷取大自然中四季盛开的鲜花，经过整理、加工、脱水，保持花的原有色彩和形态，并经过创作者的精巧构思和艺术设计，粘贴制作而成的一种艺术品，以达到留住春天、凝固美丽的艺术效果。押花把大自然中的鲜花制作成一种新的造型，赋予它新的生命，可以是人物，动物，风景，也可以是另一种植物或原花形的再现，给人以高雅的艺术享受。

押花的应用非常广泛，简单的压花可以作为生活中的趣味小品，休闲玩乐，也是种植者为自己的花留下纪念的好方法。美丽的押花蜡烛可以使浪漫的夜晚更加迷人；精美的押花首饰盒最适合保存自己心爱的饰物；用自己精心制作的押花贺卡来传递无限的友情与关爱；不同艺术风格的押花框画搭配不同的家居装饰，展示与众不同的生活品位。所有这些押花作品既含有很高的艺术情趣，又具备很强的装饰效果。而亲自动手制作押花，可谓一时尚新体验。目前，押花艺术带给人们更多的是情感的交流和美的享受。那些优雅的卡片、可爱的饰物、时尚磁石、透明的花草带给我们生活新情趣的同时，也使我们在喧闹、浮躁的都市生活中倍感轻松和温馨。

押花在我国以前叫压花（Pressed Flower）。日文中，压花的写法为"押し花"，于是在商品和技术引进时被很多国人翻译为"押花"。时至今日，"押花"已反客为主，代替了压花。

二、押花的起源

押花最早在欧洲盛行，英国具有300年的押花历史。16、17世纪时多见于植物标本。到了18世纪，富于色彩的押花绘画开始流行。19世纪后期，是大英帝国最辉煌的时期，上流社会仕女间十分盛行押花，用以点缀圣经封面或镶入装饰墙壁。20世纪中叶，欧洲的押花艺术传入日本，使传统的日本押花技艺有了极大的改进，并导致押花在日本今日的盛况。近年来又流行把现代的科技用于押花，运用美工的技巧和匠心的创作增加了押花作品的艺术性和美感，使押花更为普及，从而达到艺术生活化的境界。

第二次世界大战之后，日本人开始研究押花，推出快速脱水、压平新鲜花草的工具和材料，数以万计的押花爱好者投身押花创作，增加了押花作品的艺术性和美感，使押花发展成和插花一样有地位的国家级艺术。

80年代，一批我国台湾的艺术家在日本学习押花艺术后，回去后发展并推广押花教学，1987年成立台北市压（押）花艺术推广协会，押花艺术更是蓬勃发展，并且从90年代开始在广东、云南发展押花农场。

目前在我国各地，很多学校先后开设押花艺术课，押花艺术越来越普及。除中国外，英国、美国、日本、丹麦、乌克兰、荷兰、德国、法国、意大利、匈牙利、加拿大等国家也开设相应的押花艺术课。

随着科技的进步，现在专业的微波压花器可以在几分钟内烘干花朵。不仅像玫瑰这样花瓣繁复的花朵，连果类的压制都成了可能。专业的压制可以更好地保留花朵的完整性和颜色。世界各国也都有压制好的花朵成品出售，可以让任何人都能感受押花艺术的乐趣。

三、押花制作

押花制作的关键环节包括花材的选择和采集—脱水压制—拼贴—装裱,可以分为以下步骤:

(一)花材的选择

花材的选择与干燥虽然主要是一些技术问题,但与艺术创作思想又是相关联的。有了创作的主题与构思后,选材就有了目的性。如果积累了一定种类和数量的干花材料,又可给艺术创作以启迪。

大自然中,可以用来制作押花的花草种类很多,但好的押花材料要求:造型好,完整无病虫害。大小和厚度适中,含水分较少,易于脱水干燥。

1. 自然干燥的植物体

自然干燥的植物体如笋衣、麦秆以及禾本科植物自然干燥的草质茎、薄的果壳、种子等。这类材料的特点是在自然状态下已经干燥,只需适当晾晒即可。

2. 天然干花类

所谓天然干花是指其在盛开时花瓣已经比较干燥的花卉,如勿忘我、千日红、三角梅、鸽子树花、麦秆菊等。这类花卉有三个共同特点,一是不需要特殊的干燥方法,可以在较短的时间内自然干燥;二是干燥后的花瓣颜色仍然鲜艳如初;三是不易褪色,在相同的保存条件下,比其他花卉干燥的花瓣保存期更长。因此,适宜制作押花作品。

除天然干花以外的各种花卉的花朵,包括花瓣、花蕊、花萼等,如蝴蝶花、迎春、天人菊、万寿菊、孔雀草、蜡梅、月季、香石竹、一串红、矢车草菊等,这些花的花瓣都需要用特殊的干燥方法处理才能达到脱水保色的目的。

3. 叶类

文竹、蕨叶、水杉以及其他各种植物绿叶,为了保持绿色,和大多数花卉的花瓣一样,需要运用特殊的干燥方法进行干燥。

常见的押花花材:三色堇、飞燕草、小苍兰、迎春花、水仙、白头翁、玫瑰、桃花、梅花、美女樱、虞美人、波斯菊、雏菊、万寿菊、大理花、瓜叶菊、中国菊、绣球花(八仙花)、满天星、荷花、睡莲、康乃馨、石竹、一串红、金鱼草、鼠尾草、福禄考、牡丹、昙花等。

(二)材料的采集

采集植物材料的最好季节是气候干燥的春季。一天中,采集的最好时间为晴朗的上午9:00~11:00,下午4:00~5:00。这时植物枝叶展开与花朵绽放最有生机,色泽

最艳丽。时间过早，露水未干，含水量太多，将延长干燥的时间，使花叶变色或变质；过晚特别是12时以后，太阳光强，过多的紫外线伤及花叶，颜色变淡，水分蒸发过量，导致花叶萎缩，尤其是夏季。

（三）护色

大多数人喜欢原色押花，不必护色染色。但有些人喜欢花材更加艳丽，就可以对材料进行增色和护色处理。

1. 花叶压前护色

采用物理和化学的方法，对花叶进行护色，以保证压后的花叶有鲜艳的色彩，并且不易褪色。

硫酸铜法：取整理好的叶片放入煮沸的25%的硫酸铜溶液中，浸泡30秒（稍厚的叶子50秒），然后漂洗干净，放入吸水纸中，脱水干燥。此法用于绿色叶片增色和护色。

酒石酸法：在玻璃容器里加入一小杯酒石酸和一小匙水，调和成溶液，用刷子蘸取酒石酸液涂抹在花材上，然后待其自然干燥后，夹入吸水纸中脱水干燥。用于红色护色。

柠檬酸法：处理操作方法与上述的步骤相同，主要用于粉红色系的花护色。

2. 花朵的活体吸色方法

利用鲜活状态的带有花朵的花枝或花茎，插入染料溶液中，使其吸收水分的同时，吸入染液，使染液均匀地分布在花朵内。此法简便，染色均匀、自然，颜色漂亮稳定。

（四）花材整理

采集到的花材要立刻处理，尽量保持其鲜活生动的形与色。对较大的花材需进行分解后脱水压制，不同花材不同制作目的有不同的分解方法。花瓣可分为整朵压、半朵压、分瓣压和整串压；花蕾及茎可整个压，对较大的花蕾及较粗的茎可将其剖成两半再压；叶片可根据不同作品需要采取不同视觉的压制。以下介绍简要的分解方法：

（1）准备好两张相同大纸板，纸板表面要求光滑平展，有一定硬度，且较透气。

（2）在一块纸板上铺上两三层吸水纸，用镊子将花瓣一瓣一瓣地摘下，整齐地摆放在吸水纸上。

（3）在摆满花瓣的纸上再盖两三层吸水纸，最后盖上另一块纸板，鲜花花瓣就被夹在其中。

（4）用绳子将两块纸板捆起来。

（五）脱水干燥

将上述捆扎好的纸板放于通风干燥处，两三天翻动一次，调换花材与吸水纸的位置，再继续压好或捆扎，直至干燥。

除了上述方法外,下面再介绍几种简便易行的方法。

1. 硅胶干燥法

用密封较好的塑料盒或饼干盒,甚至鞋盒作为干燥盒。在盒底铺上一层硅胶,约 1~2 cm 厚。将有鲜花花瓣的押花板放在硅胶上,再在押花板上铺上厚约 2 cm 的硅胶,盖上盖。因为硅胶易吸收空气中的水分,要将干燥盒套上塑料袋,并用透明胶带密封,放置大约五六天时间,具体以花瓣干燥为宜。

硅胶干燥法温和,保色效果好,干燥时间长,几乎所有花材都适宜这一干燥方法。

2. 微波干燥法

在完成前述分解与压制步骤后,即可放入微波炉中干燥,每 15~30 s 打开看一看,以免干燥过渡。还可以将纸板夹在硅胶颗粒中,再放入微波炉处理,既干燥了花瓣,也干燥了硅胶。每次 5~10 s 短时间微波处理,再由硅胶干燥,可以缩短干燥时间,保持花瓣色彩。

3. 熨斗干燥法

在熨衣板上铺几张餐巾纸,把花瓣摘下摆好,再盖上 3~4 张餐巾纸,即可用电熨斗熨烫。低温熨烫几秒钟后要翻看,当花瓣干燥即停止熨烫。

微波和电熨斗干燥都具有快捷、方便的特点,干燥后有些种类的花瓣颜色会更加饱和,而有的花瓣会严重变色,所以并不是所有花材都适用于此两种方法。在没有经验的情况下,可先用一二瓣花材试。

4. 电热毯干燥法

完成分解与压制中的第 3 个步骤后,不必捆上绳子,将压有花瓣的纸板放在电热毯上,压上被子,四五个小时后翻看一次,直至干燥。

电热毯效果类似于硅胶干燥,具有条件温和,适于各种花瓣,能较好地保持花瓣原色之特点。

5. 温箱干燥法

将采到的花朵完成分解压制后的第 4 步骤后,即可放入恒温箱,温度调到 37 ℃~40 ℃,依据花材种类和数量,大约 1~3 天即可干燥。

以上吸水纸可以是餐巾纸、高丽纸、宣纸、毛边纸、棉纸、手工纸、薄海绵、废报纸、废书刊纸等具有吸水功能的纸。以棉质的为好,可以重复使用。在日本和美国可以买到专用的压花干燥板,吸水性强,可以重复使用。

(六)花材保藏

脱水后的花材如果暂时不用,需要保存在干燥的小环境中才不会褪色、发霉。所以要保存在密封箱、密封袋或干燥剂中。

（1）取一本书，将各种干燥花瓣分别仔细地摆在书页里。

（2）把压有花瓣的书和干燥剂一起装入一个塑料袋，封闭后即可长时间保藏。这里的干燥剂可用商品包装内的干燥剂，有些商品如海苔、毛衣、皮鞋等商品，其包装内都有装干燥剂的小纸袋，只需要晒一晒就可使用。

（七）拼贴

将脱水后的花材按照预先构思设计好的图案粘贴在衬底上。

1. 衬底材料

制作压花艺术作品时使用的衬底是押花的载体。押花用的衬底材料非常广泛，有纸质、木质、纤维织物、玻璃和陶瓷等各种材料。

纸质衬底材料：各种颜色的卡纸、水彩纸、水粉纸、宣纸、板纸、餐垫纸、渐变纸、纹面纸、纸藤，亦可用较薄而软的植绒纸、皮纹纸。日本有押花专用纸，是一种很薄的棉纸，也叫薄和纸，在制作风景压花艺术作品时，可先粘贴一层花材蒙一层薄和纸，再粘贴一层花材蒙上一层薄和纸，如此反复操作，可使作品有远近层次感。

木质衬底材料：制作押花艺术作品也可以使用木质材料衬底，各种木板以及各种木质的家具和装饰品都可以是压花艺术的载体。

纤维织物：一些纤维织物也可以用作押花的载体，如丝绸、牛仔布、亚麻布、粗麻布、印花布、丝带、蕾丝等纤维织物。对于这些薄软的材料，在粘贴压花前应先将其裱糊于更硬挺的厚卡纸或木板上，再粘贴压花，也可以将其放置于木板上直接粘贴压花，但是操作时需要特别小心谨慎。英国人制作押花画，多数都是使用丝绸和布料做衬底。在制作压花花束、压花卡和压花书签时，还会用到各种各样的丝带和蕾丝。

玻璃和陶瓷：可以将压花直接粘贴在各种玻璃和陶瓷制品上，如压花玻璃门、压花茶杯、压花瓷砖，也可以直接粘贴在玻璃上，再装入镜框。

为了避免背景单调，可以使用各种颜料，对压花衬底背景进行处理，如粉彩、水彩、广告颜料、喷漆等。其中粉彩，也叫色粉条，是使用最多的一种颜料。

2. 固着材料

固着材料是用来将压花固着于各种衬底上的材料，包括粘贴剂、塑料膜和水晶胶等。

粘贴剂：各种胶水、白乳胶、糨糊等都是压花的粘贴剂。

大多数压花画是使用粘贴剂固定的，但许多粘贴剂容易造成压花变褐、褪色。酸对于干花有保色作用，所以一般应选用含水量少、易干燥的酸性胶液为固着剂。

目前，常用的粘贴剂为白乳胶，它不容易造成压花的变色，且粘贴牢固。也可以用一般的胶水，打开盖子让水分挥发，胶水变得比较干的时候再使用，效果好又经济。在美国、英国和日本都有压花专用胶出售。这些压花胶，使用方便，无异味，环保，对花材没有破坏，但价格较高。

塑料膜：用带有不干胶的透明塑料薄膜裁剪成适当大小，用来粘贴押花画作品也是十分理想的。常用的材料还有透明胶带。由于这类固着材料含水量低且不透水不透气，

对压花有一定保护作用,所以常用来制作压花卡片、压花布制品等。

水晶胶:水晶胶也叫 AB 胶。用市售水晶胶主剂与硬化胶按 3∶1 的比例混合,搅拌,均匀后等待气泡消尽,就可以使用了。压花钥匙扣、压花项链、压花胸针等常常是使用水晶胶制作的。

3. 粘贴

(1)将花材、叶材、工具、粘贴剂、底衬都准备好。

(2)用镊子轻轻夹取花叶,反面涂胶,粘贴在设计好的位置。一定要先贴主叶,再贴主花,花压叶子,叶子不能压花。

(3)制作完成后,将画面上残留的花叶清扫干净。

(八)押花作品的装裱和保存

粘贴完成后可以采用玻璃镜框等各种方法将其装裱。装裱技术,也可以使压花作品的艺术性和保质期大大增加。

干花的色彩在氧气、光照和潮湿的环境中易褪色,相应保存方法要做到隔绝空气、避免强光和防潮。不同的作品类型要以不同的方法进行保存,主要有以下方法:

压膜:贺卡和书签类的小型押花作品,可以通过压膜机压膜保存。大型押花挂画可以在书画装裱店进行压膜处理。

加框密封:大型挂画,可将作品夹在镜框的玻璃与衬底中间,注意图纸与玻璃、衬底要等大并对齐,上下及两侧用胶带纸将四周封固,这样在一定程度上可以起到隔氧作用。

第三节 盆景艺术

一、中国五大盆景艺术流派及其风格

中国盆景艺术有着悠久的历史和优秀的传统。盆景是栽培技术和造型艺术的有机结合,融自然美和艺术美为一体,人们誉之为无声的诗、立体的画,活的艺术、有生命的雕塑品。中国盆景艺术,随着我国文明历史的长期发展形成了她独特的风格。

中国素有"世界园林之母"的美称,是盆景艺术的创始国。早在三千年前的殷周时期,已有"囿"的营造。秦汉时期,中国园林形式出现了"苑""别墅""王室灵台",展现出园林之美。东汉、隋朝时期,盆栽兴起,采用"掇山理木"的技术方法,人工山水园应运而生,讲求意境表现。唐宋时期,由盆栽艺术加工而成的盆景与山水画互相影响。诗人王维、杜甫、白居易、苏轼、王十朋、陆游等有咏山石的诗篇及《宣和石谱》《渔阳石谱》《梦粱录》等专著的相继问世,繁荣和发展了盆景艺术。元、明、清时期,

第十章 花艺

"蝎子景"（微型盆景）的出现，使盆景另辟蹊径。画家饶自然所著《绘宗十二忌》从理论上阐述了制作山水盆景及用石方法，丰富了盆景制作。嘉庆年间五溪苏灵的《盆景偶录》，把盆景植物分为四大类、七贤、十八学士。《素园石谱》《长物志》《考槃余录》《广群芳谱》《花镜》等专著的相继出现，形成了研究盆景的学术氛围。

我国幅员辽阔，由于地域环境和自然条件的差异，盆景流派较多，尤其是在改革开放以来，传统流派有了进一步的发展，并不断出现新的流派，形成百花竞艳的大好局面。就传统的五大流派而言又分为南、北两大派，南派以广州为代表的岭南派，北派包括长江流域的川派、扬派、苏派、海派（后三派过去统称江南派）等。

1. 岭南派盆景

以"花城"广州为中心的广东盆景，因地处五岭之南面称为岭南派。这里气候温暖、日照充足、雨水充沛、草木滋润、得天独厚的自然环境，为盆景艺术繁荣提供了极为有利的条件。虽然岭南盆景艺术起步较晚，但也有数百年历史。

岭南派盆景形成过程中，受岭南画派的影响，旁及王山谷、王时敏的树法及宋元花鸟画的技法，创造了以"截干蓄枝"为主的独特的折枝法构图，形成"挺茂自然，飘逸豪放"的特色。创作题材，或师法自然，或取于画本，分别创作了秀茂雄奇大树型、扶疏挺拔高耸型、野趣横生天然型和矮干密叶叠翠型等具有明显地方特色的树木盆景，又利用华南地区所产的天然观赏石材，依据"咫尺千里""小中见大"的画理，创作出再现岭南自然风貌为特色的山水盆景。

岭南派盆景多用石湾陶盆和陶瓷配件，并讲究景盆与几架配置，题名托意，体现了"一树二石三几架"的效果，成为我国盆景艺术流派中的后起之秀和重要组成部分，在海内外享有较高的声誉。

2. 川派盆景

川派盆景有着极强烈的地域特色和造型特点。其树木盆景，以展示虬曲多姿、苍古雄奇特色，同时体现悬根露爪、状若大树的精神内涵，讲求造型和制作上的节奏和韵律感，以棕丝蟠扎为主，剪扎结合，其山水盆景以展示巴蜀山水的雄峻、高险，以"起、承、转、合、落、结、走"的造型组合为基本法则，在气势上构成了高、悬、陡、深的大山大水景观。

川派盆景中的川西和川东盆景，虽然在某些具体制作手法和景观造型上有一定的差异，但基本的构成原理和制作方法是一致的。由于得天独厚的自然条件，川派树桩盆景一般选用金弹子、六月雪、罗汉松、银杏、紫薇、贴梗海棠、梅花、火棘、茶花、杜鹃等；山水盆景以砂片石、钟乳石、云母石、砂积石、龟纹石，以及新开发的品种为制作石材。

3. 苏派盆景

有着 2500 年建城历史的苏州，气候湿润，雨量充沛，适宜植物繁殖与生长，为树桩盆景的发展提供了极其有利的地域环境和自然条件。苏派盆景以树木盆景为主，古雅质朴、老而弥健、气韵生动、情景相融、耐人寻味。

苏派盆景摆脱传统的造型手法，采用"粗扎细剪"的技法。对主要树种，如榆、雀梅、三角枫等，均采用棕丝把枝片修成中间略为垂斜的两弯半"S"形片子，然后用剪刀将枝片修成椭圆形，中间略隆起呈弧状，犹如天上的云朵。对石榴、黄杨、松、柏类等蔓生及常绿树种，在保持其自然形态的前提下，蟠扎其部分枝条，或弯曲、稀疏，使其枝叶分布均匀、高低有致。修剪也以保持形态美观、自然为原则，只剪除或摘除部分"冒尖"的嫩梢，成为苏派盆景的主要特色。在蟠扎过程中，苏派盆景力求顺乎自然，避免矫揉造作。另外，结"顶"自然，也是苏派盆景的独到之处。

苏派盆景造型特点：注重自然，型随桩变，成型求速。摆脱了过去成型期长、手续繁琐、呆板的传统造型的束缚。苏派盆景，同时讲究景（桩、石）、盆和几架的多样化与统一性，特别在厅堂陈列布置上，景、盆、架要与厅堂结构协调，"景""境"相称而得体。

4. 扬派盆景

以扬州为中心的扬派盆景，包括嘉州、泰州、兴化、高邮、南通、如皋、盐城等地，由于地处江苏北部，故又统称苏北派。

扬派盆景经历代盆景老艺人锤炼，受高山峻岭的苍松翠柏苍劲英姿的启示，依据中国画"枝无寸直"画理，创造应用 11 种宗法组合而成的扎片艺术手法，使不同部位寸长之枝能有三弯（简称一寸三弯或寸枝三弯），将枝叶剪扎成枝枝平行而列，叶叶俱平而仰，如同漂浮在蓝空中极薄的"云片"，形成"层次分明，严整平稳"，富有工笔细描装饰美的地方特色。这种源于自然，高于自然的地方特色，在以扬州、泰州为中心的地域广泛流传，形成流派，被列为中国树木（桩）盆景五大流派之一。

扬派的山石盆景以平远式为主，蕴涵着"潮平两岸阔，风正一帆悬"的江南情致。扬派树桩盆景的常用树种有：松、柏、榆、黄杨及五针松、罗汉松、六月雪、银杏、碧桃、石榴、梅、山茶等。山水盆景除用本地出产的斧劈石外，还使用外省的砂积石、芦管石等。

5. 海派盆景

海派盆景是以上海命名的一个中国盆景艺术流派，它的分布范围主要是在上海及其周围各县市。上海地处长江下游的三角洲地带，长江入海口，水陆交通方便。气候温和，四季分明，具有海洋性气候的特点。自然条件优越，经济文化发达都是海派盆景流派形成的主要因素。据考证上海盆景也有 400 多年历史，集众家之所长，在学习和研究我国传统盆景艺术的基础之上，师法自然，刻意求新，逐步形成了自己的风格，而成了海派盆景艺术。

海派盆景的造型形式比较自然，不受任何程式限制，因此其造型形式多种多样。主要有直干式、斜干式、曲干式、临水式、悬崖式、枯干式、连根式、附石式，还有多干式、双干式、合栽式、丛林式，及观花与观果盆景。

海派盆景所用树木有 140 余种之多，如松类有黑松、马尾松、五针松等；柏类有桧柏、真柏等；阔叶树有榔榆、雀梅、三角枫、六月雪、胡颓子、枸杞、黄杨等。

二、花卉盆景的艺术要求

花卉盆景的造型，如何才能显得美观，具体可以从以下方面着手：

1. 色彩

色彩要富于变化。如春天一片嫩绿，使人感到春回大地；秋冬红果累累，使人感到丰满盈年。

2. 树干

树干取其自然有曲有直；直干刚劲挺拔；曲干曲折苍老。树皮多皱裂，显得老气横秋；树根裸露土面，蟠曲如龙蛇舞。

3. 枝叶

枝叶疏密适中。叶片大的，枝叶要稀，以显雅致。

三、精品盆景的特征

盆景之所以能成为艺术品，有一定的条件，按常规的欣赏角度而言，以自然美为前提，应着重注意以下几个方面：

1. 根盘

精品盆景的首要条件就是根盘。根盘的美好与否，对作品的艺术价值有着举足轻重的影响。盆景中所指的美好根盘，就是隆基以下的地面根部，朝向四面延伸，时而弯曲、时而隐入土中、紧伏于地面，以保持盆树不产生任何动摇。常言道"四面根盘"便是最美好的根盘。

2. 隆基

正常生长情况下，树干与树根部的交界处，应是自然的隆基。具体是根盘起约三寸长度的粗干。用来制作盆景的树木，原本就是生长在山林、河溪旁，风吹雨打，树干多少会产生弯曲，尤其是悬崖绝壁处生长的树木，其树干弯曲的程度有时幅度极大，但隆基部却不受外力影响。一般盆树的树干都是直立的，有时为了树型需要，改变隆基的弯曲度时，应适度，没有明显与自然不符的感觉为好，因为隆基与根盘一样，是展现盆景的美感不可缺少的重要条件之一。

3. 树干

自然正常的大树，树干越接近根部越粗，越向树顶就越细，这种由粗而细自然形状的圆干，是最理想的。树干究竟是粗大较美还是细小较雅，则要以个人的欣赏差异为准。

不过，树干该粗该细应取决于整体树型的结构，必须与根盘、隆基、树枝、树叶等取得协调。不论树干的粗细，只要能跟整体的树姿搭配协调，自然就可以发挥出平衡美感。一般而言，树干的粗细应与所表现树木年龄相协调，如此才能展现出盆景的深浅美感。

4. 树枝

树枝与树干一样，也是盆景造型的构成要件之一。树枝最大的作用是能提供盆树以形态美，同时还具备弥补树干缺点的作用。良好的树枝，必须粗细恰当、树势强劲，主枝与侧枝有序搭配，才能剪造出完美无缺的树型。

5. 树皮性质

树皮有很多种，纵裂剥离的粗皮性、纵横裂纹的龟甲性，呈岩石般重叠的岩石性等，单独看这些树皮并无美感可言，但与树干、根盘及整体树姿相衬托，就可展现迷人的古朴、苍劲气氛。

6. 叶性

盆景的叶子形状、性质、大小等，总称为叶性。因为一棵盆树往往会因树叶性之良否产生不同的观感，尤其是杂木类的落叶树，从树叶的四季变化，能让人清楚体会到四季的变迁，并从中感受到自然风采的绮丽。盆景堪称自然界大树的小缩影，换言之，就是将山林野外树形优美的古树名木、自然风情，在有限的盆里再现出来。因此树干的大小、树叶的大小以及树型的整齐与否都和视觉上的协调与否有很大关系。

四、适合做花卉盆景的树木

可以做花卉盆景的树木有很多，具体可以分为六大类别：

1. 松柏类

松柏类如黄山松、绒柏、五针松、锦松、金叶柏、水杉、翠柏、铺地柏、线柏、刺柏、黑松、罗汉松等。

2. 杂木类

杂木类如黄杨、赤楠、雀梅、九里香、福建茶、朴树、榔榆、小叶女贞等。

3. 叶木类

叶木类如红枫、五角枫、枸骨冬青、凤尾竹、罗汉竹、棕竹、佛肚竹、银杏、苏铁等。

4. 花木类

花木类如茶梅、金雀梅、贴梗海棠、梅花、紫薇、碧桃、桂花、垂丝海棠、迎春、

杜鹃、山茶、六月雪等。

5. 果木类

果木类如佛手、果石榴、金橘、山楂、南天竹、金弹子、枸骨、紫金牛、柿、火棘、枸杞等。

6. 藤本类

藤本类如紫藤、常春藤、扶芳藤、络石、凌霄、忍冬等。

第十一章　中国传统名花及其栽培

　　本章除了介绍中国传统十大名花外还增加了玉兰和蜡梅。依次为梅花、牡丹、菊花、兰花、月季、杜鹃、茶花、荷花、桂花、水仙、玉兰、蜡梅。从讲述每一种花卉的栽培历史、文化起源、审美价值以及相关的人文价值，然后简要介绍其繁殖和栽培方法，让人们不仅会鉴赏我国传统名花，而且会栽培名花，进一步挖掘和弘扬中华花文化。

第一节　冰心玉骨——梅花（*Prunus mume* Sieb. et. Zucc）

　　梅花（见图11.1）是蔷薇科李属的落叶乔木，别名春梅、干枝梅、红绿梅。原产中国，后来引种到韩国与日本，具有重要的观赏价值及药用价值。梅花是我们中华民族精神的象征，被誉为"花中之魁"。中国文学艺术史上，梅诗、梅画数量最多。

一、梅花的栽培与文化起源

　　中国栽培梅树的历史十分悠久。据传在黄帝时代，就有筑台赏梅的韵事。1975年，河南安阳西北发掘了一座公元前1300—公元前1100年的殷代（商代）古墓，其中有一具铸造精致的食器铜鼎，里面除装有食用的粟谷外，还盛满了已经炭化了的梅核。据此认为，我们的先民栽种利用梅树，至少已有3200多年的历史了。在湖南长沙马王堆汉墓出土的文物中，考古学家在众多的陶罐里发现了保存完好的梅核和梅干，同时出土的竹简上还记有梅、脯梅和

图11.1　梅花

元梅字样，表明在西汉时期，长江流域广大地区已盛栽梅树，人们已把梅果加工精制成许多食品。

　　在长期的人工驯化栽培过程中，梅花那娇妍洁白、暗香浮动、傲霜竞放的美，也引

第十一章 中国传统名花及其栽培

起了人们的喜爱和向往。因而，梅的一些品种就逐渐发展成为专供观赏的奇树异花了。古籍中开始记载观赏梅花大约是在秦汉以后。《西京杂记》记载，汉武帝修建的"上林苑"中就有7个观赏梅花品种。魏晋时期，已有专为帝王将相欣赏而培育的梅花。隋、唐、五代，梅花栽培渐盛，品种有所增加，引起文人雅士的更多关注，纷纷以梅花作为创作的主题。特别是唐代的杜甫、李白、韩愈、杜牧、柳宗元、白居易、李商隐等诸多诗词名家，都留下了许多咏梅名篇。宋、元两代，是我国艺梅的兴盛时期，不光出现了许多新的梅花品种，此期的梅花诗、书、画亦盛极一时。北宋的林逋隐居杭州孤山（在今西湖还有放鹤亭这一景点），植梅放鹤，竟然到了"梅妻鹤子"的地步，他那"疏影横斜水清浅，暗香浮动月黄昏"的咏梅名句，成为千古绝唱。南宋诗人范成大，是位艺梅、赏梅、咏梅的名家，他曾在苏州石湖辟园植梅，搜集梅花品种12个，写成中国也是世界上第一部梅花专著——《梅谱》。元代的王冕，爱梅成癖，隐居九里山，植梅上千株，自题居室为"梅花屋"，他的墨梅画及墨梅诗均名扬天下。明、清两代，不仅艺梅规模有所扩大，技术水平也有提高，特别是梅花的新品种大量涌现。如明代王象晋著《群芳谱》就记载梅花品种约20个，清代陈淏子所撰的《花镜》，也记载梅花品种21个。而清朝的"扬州八怪"中，以咏梅、画梅著称者不乏其人，其中的金农、李方庸等即是以善于画梅而名扬四海。

梅花是我国传统名花中最长寿的木本花卉，至今我国不少地区尚有千年古梅，它们不仅是中国花卉历史文化的活见证，而且由于自古就有"老梅花、少牡丹"和"梅花愈老愈精神"之说，因此，这些古梅就其自然姿态上来说也具有更高的观赏价值，而成为各地风景名胜区的珍宝。湖北黄梅县有株一千六百多岁的晋梅，至今还在岁岁作花，鼓励着人们自强不息，坚韧不拔地去迎接春的到来。

梅花用途甚广，梅树是制作桩景、盆景的绝好材料，早在宋代就很盛行盆梅。清嘉庆年间五溪苏灵著有《盆景偶录》二卷，把盆景植物分为四大类、七贤、十八学士，梅花即位居"十八学士"之首（其他花木种类为：桃、虎刺、吉庆、枸杞、杜鹃、翠柏、木瓜、蜡梅、天竹、山茶、罗汉松、西府海棠、凤尾竹、紫薇、石榴、六月雪、栀子花）。有人说："一树梅花一树诗，一个盆景一幅画。"这是对梅桩盆景的很高评价，现在我国的梅桩盆景多见于四川、安徽及江苏一带，各地有不同的风格。如四川成都的"蟠虬式梅"，从幼梅时就开始蟠扎，树体虬曲多姿，苍古雄奇。还有苏州的"劈梅"、扬州的"疙瘩梅"、安徽歙县的梅桩等，均别具特色。而扬州的"提篮式"梅花盆景则尤为奇特，它将梅树下部树干连根系劈开，将梅树倒栽，花枝从下往上生长，犹如满篮鲜花，令人叹为观止。

二、梅花的审美价值与文化内涵

梅花冰心玉骨，秀雅不凡，凌霜傲雪，迎寒飘香，象征着坚韧不拔、不屈不挠、自强不息的精神品质。梅花通常在冬春季节开放，与兰花、竹子、菊花一起列为"四君子"，也与松树、竹子一起被称为"岁寒三友"。中华文化有谓"春兰，夏荷，秋菊，冬梅"，梅花凭着耐寒的特性，成为代表冬季的花，是中国诗、画、戏曲等的重要源泉和歌颂对

象。文学艺术史上，梅诗、梅画数量之多，足以令任何一种花卉都望尘莫及。咏梅诗篇有写梅之姿态神韵的，有写梅海奇观的。但在颂梅诗中，要数言志的诗最为动人："向来冰雪凝严地，力翰春回竟是谁？"（宋·陆游）；"万花敢向雪中出，一树独先天下春"（元·杨维桢）；毛泽东曾在他的诗词中写道："梅花欢喜漫天雪"，表现了梅花越是在冰雪的严寒天气中，开得越鲜艳，用以比喻革命者不管环境多么艰苦，都能像梅花那样，不惧严寒，在风雪中傲然怒放，赞颂了他们不屈不挠的革命斗志。

梅花这种"凌寒独自开"不畏严寒、坚强不屈的品格，充当二十四番花信之首的勇敢使者、独步早春的崇高精神，正是我们中华民族优秀品质的象征。古往今来，这种"梅花精神"已经渗透到中华儿女的血液之中。

三、梅花的繁殖与栽培

目前，中国有300多个梅花品种，主要集中在南京、武汉、无锡、杭州、安徽、北京等地。它们的枝姿、花型及花色、萼片等方面均富于变化。如按枝条的姿态可分为直脚梅、垂枝梅、龙游梅等；按花型、花色及萼片可分为江梅型、宫粉型、大红型、玉蝶型、朱砂型、绿萼型和洒金型等。其中宫粉梅最为普遍，花瓣粉红，花密而浓；玉蝶梅花瓣紫白；绿萼梅花瓣白色，香味极浓，尤以"金钱绿萼"为好。1989年，陈俊愉院士还主编出版了《中国梅花品种图志》，这既是关于中国梅花的最权威专著，也是中国名花中第一本系统的品种图志。

常用嫁接法繁殖，砧木多用梅、桃、杏、山杏和山桃。梅花露地栽培，应于阳坡或半阳坡地段，株距3~5m。通常在生长期间施3次肥，即在秋季至初冬施肥，如饼肥、堆肥、厩肥等；在含苞前施速效性肥；在新梢停止生长后（6月底至7月初），适当控制水分并施肥，促进花芽分化。

梅花适作盆景栽培。将地栽数年后的植株上盆，盆土宜软松肥沃，栽前栽后均要整形和修剪。

第二节 国色天香——牡丹（*Paeonia suffruticosa* Andr.）

牡丹（见图11.2）是毛茛科芍药属多年生落叶小灌木，别名木芍药、花王、洛阳花、富贵花。花色艳丽，玉笑珠香，素有"花中之王""国色天香"的美誉。牡丹是中国特有的木本名贵花卉，早已引种世界各地。

一、牡丹的栽培与文化起源

牡丹在《诗经》里就有记载，距今约3000年历史。秦汉时代以药用植物将牡丹记

第十一章 中国传统名花及其栽培

入《神农本草经》。南北朝时，北齐杨子华画牡丹，牡丹进入艺术领域。史书记载，隋炀帝在洛阳建西苑，诏天下进奇石花卉，易州进牡丹二十箱，植于西苑，自此，牡丹进入皇家园林，涉足园艺学。唐代，牡丹诗大量涌现，刘禹锡的"唯有牡丹真国色，花开时节动京城"，脍炙人口；李白的"云想衣裳花想容，春风拂槛露华浓"，千古绝唱。宋代开始，除牡丹诗词大量问世外，还出现了牡丹专著，诸如欧阳修的《洛阳牡丹记》、陆游的《天彭牡丹谱》、丘浚的《牡丹荣辱志》、张邦基的《陈州牡丹记》等，宋代有十几部。元人姚遂有《序牡丹》，明人高濂有《牡丹花谱》、王象晋有《群芳谱》、薛凤翔有《亳州牡丹史》，清人汪灏有《广群芳谱》、苏毓眉有《曹南牡丹谱》、余鹏年有《曹州牡丹谱》等。

图 11.2 牡丹

二、牡丹的审美价值与文化内涵

牡丹以它特有的富丽、华贵和丰茂，在中国传统意识中被视为繁荣昌盛、幸福和平的象征。唐代刘禹锡有诗曰："庭前芍药妖无格，池上芙蕖净少情。唯有牡丹真国色，花开时节动京城。"在清代末年，牡丹就曾被定为中国的国花。其花大、形美、色艳、香浓，具有很高的观赏和药用价值，历代为人们所称颂，有关文化和绘画作品很丰富，形成了包括园艺学、药物学、地理学、文学、艺术、民俗学等多学科在内的牡丹文化。

洛阳牡丹甲天下，其传统名种姚黄和魏紫，一直流传至今。每年4月15日—25日为"中国洛阳牡丹花会"。此外，菏泽、彭州、北京、临夏、铜陵、亳州等地的牡丹也享誉中外。"牡丹随处有，胜绝是河州"等诗句，道出了甘肃临夏河州牡丹的超然风姿。花乡歌海的临夏，对牡丹的钟爱，已经渗透到人们生活的各个领域，从临夏"花儿"到砖雕、作画、刺绣、木刻、彩绘，无不以牡丹为题材。

三、牡丹的繁殖与栽培

中国西北是世界牡丹的发祥地，根据栽培地区和野生原种的不同，可分为4个牡丹品种群，即中原品种群、西北品种群（紫斑牡丹品种群）、江南品种群和西南品种群。花型可分为单瓣型、荷花型、菊花型、蔷薇型、千层台阁型、托桂型、金环型、皇冠型、绣球型、楼子台阁型。花色有红、绿、白、粉、黄、蓝、紫、紫红、墨紫和复色十个色系。我国栽培的牡丹品种已达500多种。

1. 繁殖

牡丹常用分株法、嫁接法繁殖。播种法一般用于新品种选育和繁殖砧木。

分株法：9月下旬（秋分）至10月上旬（寒露），将4~5年生母株全株掘出（注意保持根系完整）。去掉根部附土，然后按生长纹理，顺其长势，用双手掰开，或用刀劈开，一分为二。生长势强，枝条多的可分为三或四苗。每株苗要有一个以上的枝条和部分根系。

嫁接法：牡丹可以掘出嫁接，也可就地嫁接。在9月上旬（白露）至10月上旬（寒露）。砧木为芍药根或2~3年生实生牡丹苗。以长15 cm以上，直径1.5~3 cm为宜。接穗用当年壮枝，长6~10 cm，带有健壮顶芽和1~2个侧芽。也可用只有饱满侧芽的枝条。先将接穗下部削成2.5~3 cm的楔形，再把根砧顶端削平，从一侧由上向下纵切一条长2.5~3 cm的裂缝，把接穗插入，使两者的形成层对准密接，用麻皮或塑料薄膜绑紧，再用湿泥涂抹接口，稍阴干后栽植。栽时接口要低于地面2~3 cm，并培10 cm高土堆保护越冬。

2. 栽培管理

整枝（定股）：根据用途确定枝数量、高低位置和方向。繁殖用的多留，观赏用的少留，两者兼顾的可留5~8个。

抹芽：剥去从根茎和枝条上发出的无用芽。牡丹分栽后第一年任其自然生长，到第二年或三月下旬（春分）至四月上旬（清明）选留生长健壮、分布均匀的枝条5~8个，其余枝芽全部剪除。

摘蕾：当年生栽植苗保留1~2朵花观赏，将多余的花摘除。生长弱时，可将花蕾全部摘去。药用栽培的，可于春季及早摘除花蕾促使长根。

第三节　寒秋之魂——菊花
（*Dendranthema marifolium* Tzvel.）

菊花（见图11.3）是菊科菊属多年生草本植物，别名寿客、金蕊、黄花、女华、帝女花、九华等。

一、菊花的栽培与文化起源

中国栽培菊花已有3000多年的历史。最早的记载见之于《周官》《埤雅》。从周朝至春秋战国时代的《诗经》和屈原的《离骚》中都有菊花的记载。汉朝《神农本草经》记载："菊花久服能轻身延年。"《西京杂记》："菊花舒时，并采茎叶，杂黍米酿之，至来年九月九日始熟，就饮焉，故谓之菊花酒。"当时帝宫后妃皆称之为"长寿酒"，把它当作滋补药品，相互馈赠。这种习俗一直流行到三国时代。"蜀人多种菊，以苗可入菜，花可

图11.3　菊花

入药，园圃悉植之，郊野火采野菊供药肆"。从这些记载看来，中国栽培菊花最初是以食用和药用为目的的。

晋朝陶渊明爱菊成癖，曾广为流传。南北朝的陶弘景（452—536年）将菊花分为"真菊"和"苦薏"两种。唐朝菊花的栽培已很普遍，栽培技术也进一步提高，采用嫁接法繁殖菊花，并且出现了紫色和白色的品种。这时，菊花从中国传到日本，而形成了日本栽培菊系统。

宋朝栽培菊花更盛，随着培养及选择技术的提高，菊花品种也大量增加，这是从药用而转为园林观赏的重要时期。在此期间的菊谱，对所栽的品种即以花色归类，并对花形也有较详细的记载，如刘蒙的《菊谱》和范成大的《菊谱》。在栽培上对菊花的整形摘心、养护管理和利用种子繁殖获得新品种等都有了进一步的经验。明朝栽菊技术大有提高，菊花品种又有所增加，菊谱也多了起来。李时珍的《本草纲目》和王象晋的《群芳谱》对菊花都有较多记载。清朝的菊花专著更多，除了品种记载，还提出了菊花育种的方法，菊花品种日益增多。在乾隆年间有人向清帝献各色奇菊，乾隆曾召集画家进宫作画，并装订成册。在文人中画菊题诗，也蔚然成风。明末清初中国菊花传入欧洲，从此，这一名花遍植于世界各地。中国菊花也就成为西洋菊花的重要亲本。

民国以来，菊花品种大批失散，已无正式文献可查。新中国成立后，随着园艺事业的发展，菊花也经历了曲折历程而日益发展壮大。育种和栽培技术有了很大提高，大立菊一株可开花5 000朵以上，品种数量已达3 000个以上。花期、花色、瓣形都很丰富（见赏花实例部分），变异也很大，品种不断推陈出新。

二、菊花的审美价值与文化内涵

菊花隽美多姿，然不以娇艳姿色取媚，却以素雅坚贞取胜，盛开在百花凋零之后。人们爱它的清秀神韵，更爱它凌霜盛开、西风不落的一身傲骨。中国赋予它高尚坚强的情操，视为民族精神的象征。菊作为傲霜之花，一直为诗人所偏爱，古人尤爱以菊名志，以此比拟自己的高洁情操，坚贞不屈，"宁可枝头抱香死，何曾吹落北风中"，因此被列为花中四君子之一。因陶渊明采菊东篱下，菊花由此得了"花中隐士"的封号。在日本，菊花是皇室的象征。

中国人极爱菊花，从宋代起民间就有一年一度的菊花盛会。古神话传说中菊花又被赋予了吉祥、长寿的含义。如菊花与喜鹊组合表示"举家欢乐"；菊花与松树组合为"益寿延年"等，在民间应用极广。以农历九月初九重阳节这一天采的菊花，精制菊花茶，泡陈年米酒，或者是用菊花沐浴，皆取"菊水上寿"之意。此外，在一幅画上画有菊花和九个鹌鹑，就有"九世居安"的意思，因为"鹌"的发音与"安"相同；把一只蝈蝈画在菊花之上，因"蝈"与"官"同音，即表示"官居一品"并久（九）居官位的意思。

三、菊花的繁殖与栽培

菊花生长旺盛，萌发力强，一株菊花经多次摘心可以分生出上千个花蕾，有些品种

的枝条柔软且多,便于制作各种造型,组成菊塔、菊桥、菊篱、菊亭、菊门、菊球等形式精美的造型,又可培植成大立菊、悬崖菊、十样锦、盆景等,形式多变,蔚为奇观。菊花也是世界四大切花(菊花、月季、康乃馨、唐菖蒲)之一,产量居首。

菊花常以扦插繁殖为主,有芽插、嫩枝插、叶芽插。在秋冬切取植株外部饱满的枝芽扦插。芽选好后,剥去下部叶片,按株距 3~4 cm、行距 4~5 cm,插于花盆或插床粗砂中,保持 7 ℃~8 ℃ 室温,春暖后栽于室外。嫩枝插应用最广,多于 4~5 月扦插。截取嫩枝 8~10 cm 作为插穗,插后善加管理。在 18 ℃~21 ℃ 的温度下,多数品种 3 周左右生根,约 4 周即可移苗上盆。

菊花喜肥,在定植时,盆中要施足底肥。以后可隔 10 天施一次薄肥。当菊花植株长至 10 cm 高时,即开始摘心,使植株多发分枝,并有效控制植株高度和株型。菊花还可以通过人工控制光照时间而调节花期。

第四节　王者之香——兰花(*Cymbidium* spp.)

兰花(见图 11.4)是兰科兰属的草本植物,别名幽兰、芝兰等。中国兰花主要是指春兰(*Cymbidium goeringii*)、蕙兰(*C. faberi*)、建兰(*C. ensifolium*)和墨兰(*C. sinense*),属地生兰。这类兰花与花大色艳的热带兰花大不相同,没有醒目的艳态,没有硕大的花、叶,却具有质朴文静、淡雅高洁的气质,很符合东方人的审美标准。兰花以香著称,一枝在室,满屋飘香。

一、兰花的栽培与文化起源

中国栽培兰花约有两千多年的历史。据载早在春秋末期,越王勾践已在浙江绍兴的诸山种兰。魏晋以后,兰花已用于点缀庭院。直至唐代,兰花的栽培才发展到一般庭园和花农培植,如唐代大诗人李白写有"幽兰香风远,蕙草流芳根"等诗句。

宋代是中国艺兰史的鼎盛时期,有关兰艺的书籍及描述众多。如宋代罗愿的《尔雅翼》有"兰之叶如莎,首春则发。花甚芳香,大抵生于森林之中,微风过之,其香蔼然达外,故曰芝兰。江南兰只在春芳,荆楚及闽中者秋夏再芳"之说。南宋的赵时庚于 1233 年写成的《金漳兰谱》可以说是中国保留至今的最早一部研究兰花的著作,也是世界上第一部兰花专著。该书对兰花 30 多个品种的形态特征作了简述,并论及了兰

图 11.4　兰花

花的品位。1247年王贵学写成了《王氏兰谱》一书，对30余个兰蕙品种作了详细的描述。此外，宋代还有《兰谱奥法》一书，该书以栽培法描述为主，分为分种法、栽花法、安顿浇灌法、浇水法、种花肥泥法、去除蚁虱法和杂法等七个部分。至于吴攒所著的《种艺必用》一书，也对兰花的栽培作了介绍。1256年，陈景沂所著的《全芳备祖》对兰花的记述较为详细，此书全刻本被收藏于日本皇宫厅库，1979年日本将影印本送还中国。在宋代，以兰花为题材进入国画的有如赵孟坚所绘之《春兰图》，已被认为是现存最早的兰花名画，现珍藏于北京故宫博物院内。

明、清两代，兰艺又进入了昌盛时期。随着兰花品种的不断增加，栽培经验的日益丰富，兰花栽培已成为大众观赏之物。此时有关描写兰花的书籍、画册、诗句及印于瓷器及某些工艺品的兰花图案数目较多，如明代张应民之《罗篱斋兰谱》、高濂的《遵生八笺》都有兰的记述。明代药物学家李时珍的《本草纲目》一书也对兰花的释名、品类及其用途都有比较完整的论述。清代也涌现了不少艺兰专著，如1805年的《兰蕙同心录》，由浙江嘉兴人许氏所写，他嗜兰成癖，又善画兰，具有丰富的艺兰经验。该书分二卷，卷一讲述栽兰知识，卷二描述了兰花品种的识别和分类方法。全书记载品种57个，并附上由他画的白描图。其他如袁世俊的《兰言述略》、杜文澜的《艺兰四说》、冒襄的《兰言》、朱克柔的《第一香笔记》、屠用宁的《兰蕙镜》、张光照的《兴兰谱略》、岳梁的《养兰说》、汪灏的《广群芳谱》、吴其浚的《植物名实图考》、晚清欧金策的《岭海兰言》等，至今仍有一定的参考价值。

艺兰发展至近代，有1923年出版的《兰蕙小史》，为浙江杭县人吴恩元所写。他以《兰蕙同心录》为蓝本，分三卷对当时的兰花品种和栽培方法作了较全面的介绍，全书共记述浙江兰蕙名品161种，并配有照片和插图多幅，图文并茂，引人入胜。此外，1930年由夏治彬所著的《种兰法》；1950年杭州姚毓谬、诸友仁合编的《兰花》一书；1963年由成都园林局编写的《四川的兰蕙》；1964年由福建严楚江编著的《厦门兰谱》；1980年由吴应祥所著的《兰花》和1991年所著的《中国兰花》两本书，以及香港、台湾所出版介绍国兰的书籍和杂志等，可以说是近代中国艺兰研究的阶段性成就。

二、兰花的审美价值与文化内涵

中国兰花具有"四清"，即"气清，色清，姿清，韵清"，给人以极高洁、清雅的优美形象，而被喻为"花中君子"。兰花花香称"王者之香""天下第一香""国香"等。"手培兰蕊两三栽，日暖风和次第开；坐久不知香在室，推窗时有蝶飞来。"古人这首诗将兰花的幽香表现得淋漓尽致。兰花素而不艳，亭亭玉立。花色以嫩绿、黄绿居多，尤以素心者为贵。其上品分为"梅瓣""荷瓣"和"水仙瓣"。花中心有小瓣俗称"鼻"，通常有紫褐斑点，无斑者称"素心"。兰花的花姿有的端庄隽秀，有的雍容华贵，富于变化。兰的叶终年常绿，多而不乱，仰俯自如，姿态端秀，别具神韵。"泣露光偏乱，含风影自斜；俗人那斛比，看叶胜看花"，这首诗就是用来形容兰叶婀娜多姿之美。

兰花历来被人们当作淡泊、高雅、美好、高洁、贤德的象征，与"梅、竹、菊"并列，合称"花中四君子"。古代文人常把诗文之美喻为"兰章"，把友谊之真喻为"兰交"，把良友喻为"兰客"。也有借兰来表达纯洁的爱情，"气如兰兮长不改，心若兰兮终不移""寻得幽兰报知己，一枝聊赠梦潇湘"。孔子曾说："芷兰生幽谷，不以无人而不芳，君子修道立德，不为穷困而改节。""与善人居，如入芷兰之室，久而不闻其香，即与之化矣。"《琴操·猗兰操》中记载："孔子自卫返鲁，隐谷之中见香兰独茂，喟然叹曰：芝兰当为王者香，今独与众草为伍。"称之为"王者之香"这句话流传至今，足以证明国兰在我国历史文化中所占的地位。

三、兰花的繁殖与栽培

兰花喜阴，怕阳光直射；喜湿润的空气；喜富含大量腐殖质的土壤；喜空气流通的环境。兰花常采用分株和播种两种繁殖方法。

（1）分株法。在春秋两季均可进行，一般每隔两三年分株一次。凡植株生长健壮，假球茎密集的都可分株，分株后每丛至少要保存5个连接在一起的假球茎。分株前要减少灌水，使盆土较干。母株翻出后，轻轻除去泥块，按自然株分开，修剪败根残叶，注意不可触伤叶芽和肉质根。然后用净水将根部洗干净，放荫凉处，待根色发白，呈干燥状时，分株上盆。分株后用富含腐殖质的沙质壤土栽植。栽植深度以将假球茎刚刚埋入土中为度，盆边缘留2 cm沿口，上铺翠云草或细石子，最后浇透水，置阴处10~15天，保持土壤潮湿，逐渐减少浇水，进行正常养护。

（2）播种法。最好选用尚未开裂的果实，表面用75%的酒精消毒后，取出种子，用浓度为10%次的氯酸钠浸泡5~10 min，取出再用无菌水冲洗3次即可播于盛有兰菌或人工培养基的培养瓶内，然后置暗培养室中，温度保持25 ℃左右，萌动后再移至光下即能形成原球茎。从播种到移植，需时半年到一年。兰花种子极细，种子内仅有一个发育不完全的胚，发芽力很低，加之种皮不易吸收水分，用常规方法播种不能萌发。

兰花不宜多施肥。视叶色施肥，叶显黄而薄是缺肥，应追肥；黑而叶尖发焦是肥过多，应停止施肥。一般来说，叶芽新出，可用少量淡肥施几次。春分秋分和花谢后20天左右，都是比较恰当的施肥时节，每隔2~3周施1次。同时每隔20天喷磷酸二氢钾1次，促使孕蕾开花。

兰花八分干，二分湿最好，花期与抽生叶芽期，浇水要少些。干旱季节，每天傍晚喷雾。喷时要向上喷，则雾点细匀，使叶面湿润，地面潮湿，增加空气湿度。浇水要从盆边浇水，不可当头倾注，不可中午浇。冬季少浇水，但注意不能让盆土干透。冬末春初浇水后，待叶片上的水晒干后搬入室内，以免发生腐烂。浇花用水应先积蓄在罐中，使水中污染物沉淀，自来水中氯气逸尽，水温正常，然后再浇。

兰花如发生褐锈病、白绢病，用浓度为0.5%的石硫合剂治疗。如有蚁巢，则可将盆浸于水中驱之。

第十一章 中国传统名花及其栽培

第五节 四时常开——月季（*Rosa chinensis* Jacq.）

月季（见图 11.5）是蔷薇科蔷薇属常绿或半常绿灌木，别名斗雪红、月月红、四季花等。自然花期 5 至 11 月，开花连续不断，月月有花、四季盛开，被称为"花中皇后"。不但是我国传统名花，而且是世界著名花卉，世界各国广为栽培。

一、月季的栽培与文化起源

月季原产于中国，有两千多年的栽培历史，相传神农时代就有人把野月季挖回家栽植，汉朝时宫廷花园中已大量栽培，唐朝时更为普遍。宋代宋祁著《益都方物略记》记载："此花即东方所谓四季花者，翠蔓红花，属少霜雪，此花得终岁，十二月辄一开。"那时成都已有栽培月季。明代刘侗著《帝京景物略》中也写了"长春花"，当时北京丰台草桥一带也种月季，供宫廷摆设。在李时珍（公元 1950 年）所著的《本草纲目》中有药

图 11.5 月季

用用途的记载，但中国记载栽培月季的文献最早为王象晋《群芳谱》，他在著作中写到"月季花有红、白及淡红三色，逐月开放，四时不绝。花千叶厚瓣，亦蔷薇类也。"由此可见在当时月季早已普遍栽培，成为处处可见的观赏花卉了。这比欧洲人从中国引进月季的记载早了约一百六十多年。

到了明末清初，月季的栽培品种就大大增加了，清代许光照所藏的《月季花谱》收集有 64 个品种之多，另一本评花馆的《月季画谱》中记载月季品种有 109 种。清代《花镜》一书写到："四季开红花，有深浅白之异，与蔷薇相类，而香尤过之。须植不见日处，见日则白者一二红矣。分栽、扦插俱可。但多虫蒡，需以鱼腹腥水浇。人多以盆植为清玩。"这已简单说明了栽培繁殖月季的主要原则。并可看出有白色月季遇日光变红的品种，类似当今栽培的某些现代月季品种。由于从 1840 年的鸦片战争开始到新中国建立，中国大多时间处于战乱年代，民不聊生，中国的本种月季在解放初期仅存数十个品种在江南一带栽种。

月季于 1789 年，中国的朱红、中国粉、香水月季、中国黄色月季等四个品种，经印度传入欧洲。当时正在交战的英、法两国，为保证中国月季能安全地从英国运送到法

国,竟达成暂时停战协定,由英国海军护送到法国拿破仑妻子约瑟芬手中。自此,这批名贵的中国月季经园艺家之手和欧洲蔷薇杂交、选种、培育,产生了月季新体系。后辗转经过美国园艺家之手,培育出了千姿百态的珍品,其中一个品种定名为"和平"。1973年,美国友人手捧"和平"月季,送给毛泽东主席和周恩来总理。从此,这个当年远离家乡的使者月季,经历了二百年的发展变化,环球旅行一周后,又回到了它的故乡——中国。

月季被欧洲人与当地的品种广为杂交,精心选育。欧美各国所培育出的现代月季达到一万多个品种,栽培月季的水平远远领先于中国,但都是欧洲蔷薇与中国的月季长期杂交选育而成,因此中国月季被称为"世界月季之母"。

二、月季的审美价值与文化内涵

月季花是华夏先民北方系——传说中的黄帝部族的图腾植物。月季花四时常开,有一种坚韧不拔的精神,历代文人也留下了不少赞美月季的诗句。月季花容秀美、色彩艳丽、芳香馥郁,且适应性强,易繁殖,易栽培,从而成为中国栽培最普通的"大众花卉"。它那"四季常开"的特性,更为古往今来无数文人雅士赞咏。北宋韩琦对它更是赞誉有加:"牡丹殊绝委春风,露菊萧疏怨晚丛。何以此花容艳足,四时长放浅深红。""花落花开无间断,春来春去不相关;牡丹最贵惟春晚,芍药虽繁只夏初;惟有此花开不厌,一年长占四时春。"(宋·苏东坡)而杨万里云:"只道花无十日红,此花无日不春风。……别有香超桃李外,更同梅斗雪霜中。"把月季花期之长、色香之妙,包括无遗。月季是蔷薇和玫瑰的姐妹花,被誉为蔷薇园"三杰",在英文中三者不分,都叫"rose"。

三、月季的繁殖与栽培

月季花种类品种繁多,主要有藤本月季、大花香水月季(切花月季主要为大花香水月季)、丰花月季(聚花月季)、微型月季、树状月季、壮花月季、灌木月季、地被月季等类型。

月季的适应性强,耐寒、耐旱,不论地栽、盆栽均可,适用于美化庭院、装点园林、布置花坛、配植花篱、花架,可制作月季盆景、切花、花篮、花束等。盆栽月季要选矮生多花且香气浓郁的品种。

月季常用扦插、嫁接繁殖。嫁接常用野蔷薇作砧木,分芽接和枝接两种。芽接成活率较高,一般于8至9月进行,嫁接部位要尽量靠近地面。在砧木茎枝的一侧用芽接刀于皮部做"T"形切口,然后从玫瑰的当年生长发育良好的枝条中部选取接芽。将接芽插入"T"形切口后,用塑料袋扎缚,并适当遮阴,这样经过两周左右即可愈合。

扦插法一般在早春或晚秋休眠时,剪取成熟的带3至4个芽的月季用嫩枝水插法生根很高,水温保持在15 ℃~25 ℃最适宜生根。枝条进行扦插。如果嫩枝扦插,要适当遮阴,并保持苗床湿润。扦插后一般30天即可生根。

盆栽月季花宜用腐殖质丰富而呈微酸性肥沃的砂质土壤,不宜用碱性土。在每年的春天新芽萌动前要更换一次盆土，以利其旺盛生长，确保当年开花。月季花喜光，在生长季节要有充足的阳光，每天至少要有 6 小时以上的光照，否则，只长叶子不开花，即便是结了花蕾，开花后花色不艳也不香。给月季花浇水要做到见干见湿，不干不浇，浇则浇透。冬天休眠期一定要少浇水，保持半湿，不干透就行。月季花喜肥。盆栽月季花要勤施肥，在生长季节，要每十天浇一次淡肥水。

月季花初现花蕾时，每一个枝条只留一个花蕾，其余剪除。目的是将来花开得饱满艳丽，花朵大而且香味浓郁。花后要及时剪去开过的残花和细弱、交叉、重叠的枝条，修剪成自然开心形，使株形美观，延长花期。夏季修剪主要是花后带叶剪除残花和疏去多余的花蕾，减少养料消耗为下期开花创造好的条件。为使株型美观，对长枝可剪去 1/3 或一半，中枝剪去 1/3，在叶片上方 1 cm 处斜剪，若修剪过轻，植株会越长越高，枝条越长越细，花也越开越小。冬季修剪随品种和栽培目的而定，修剪时要适当保留枝条，并要注意植株整体形态。大花品种宜留 4~6 枝，长 30~45 cm，选一侧生壮芽，剪去其上部枝条。蔓生或藤本品种则以疏去老枝，剪除弱枝、病枝和培育主干为主。

第六节 繁花似锦——杜鹃（*Rhododendron* spp.）

杜鹃（见图 11.6）是杜鹃花科、杜鹃花属常绿或半常绿灌木，别名映山红、山石榴、山踯躅、红踯躅、山鹃等。世界著名观赏花卉。据不完全统计，全世界杜鹃属植物约有 800 余种，而原产我国的就有 650 种之多。

一、杜鹃的栽培与文化起源

杜鹃花的记载，最早见于汉代《神农本草经》，书中将黄花杜鹃羊踯躅列为有毒植物。杜鹃花至少已有一千多年的栽培历史，到唐代出现了观赏杜鹃，入庭园栽培。唐代著名诗人白居易对杜鹃花情有独钟，写下许多赞美杜鹃花的诗句，他第一次移植未成活，写下了"争奈结根深石底，无因移得到人家"。后终于移植成

图 11.6 杜鹃

活，诗曰："忠州洲里今日花，庐山山头去年树，已怜根损斩新栽，还喜花开依旧数。"唐贞观元年（785 年）已有人收集杜鹃品种栽培，最有名的是镇江鹤林寺所栽培的杜鹃花。

宋代杜鹃花栽培有新的发展，诗人王十朋曾移植杜鹃花于庭院："造物私我小园林，此花大胜金腰带。"南宋《咸淳临安志》："杜鹃，钱塘门处菩提寺有此花，甚盛，苏东坡有南漪堂杜鹃诗，今堂基存，此花所在山多有之。"说明杜鹃花在杭州庭院已多见。

明代，对杜鹃花又有了深入了解，如志凉《水昌二芳记》《大理府志》《本草纲目》《徐霞客游记》等刻本中都有不同程度关于杜鹃花的品种、习性、分布、应用、育种、盆栽等记载。如《大理府志》中，记载杜鹃花谱有 47 个品种，大理的崇圣寺、感通寺等寺院已栽种杜鹃，并育成五色复瓣品种。《草花谱》记有："杜鹃花出蜀中者佳，谓之川鹃，花内十数层，色红甚；出四明（今浙江四明山）者，花可二、三层，色淡。"

清代，有了杜鹃花的盆景造型。朱国桢《涌幢小品》记有"杜鹃花以二、三月杜鹃鸟鸣时开，有两种，其一先敷叶后著花（先叶后花）色丹如血；其二先著花后敷叶（先花后叶）色淡，人多结缚力盘盂翔凤之状"之名。而且，对杜鹃花的栽培已有一整套的经验，记载也多，如《花镜》《广群芳谱》《滇南新语》《盆玩偶录》等。嘉庆年间《苏灵录》将杜鹃花盆栽列为"十八学士"第六位。道光年间《桐桥倚棹》中提到"洋茶、洋鹃、山茶、山鹃"的记载，说明此时已引入国外杜鹃进行栽培了。

正因为杜鹃花在园林中的价值，早在 19 世纪末，西方国家就多次派人前来中国云南、四川等地，采走了大量杜鹃花标本和种苗。其中英国的傅利斯 1919 年在云南发现了"杜鹃巨人"大树杜鹃。它一棵高 25 m，胸径 87 cm，树龄高达 280 年，他砍倒大树，锯了一个圆盘状的木材标本带回国，陈列在伦敦大英博物馆里，公开展出，一时轰动世界。他曾先后七八次来我国，发现并采走了 309 种杜鹃新种，引入英国爱丁堡皇家植物园。爱丁堡皇家植物园夸耀于世的几百种杜鹃多来自云南。这些来自中国的杜鹃花，后来通过杂交、芽变等育种手段培育出不计其数的杜鹃花新品种，在世界各地广为栽培。

二、杜鹃的审美价值与文化内涵

杜鹃花繁花似锦，美丽可人。枝繁叶茂，绮丽多姿，萌发力强，耐修剪，根桩奇特，是优良的艺术盆景材料。园林中最宜在林缘、溪边、池畔及岩石旁成丛成片栽植，也可于疏林下散植。杜鹃也是花篱的良好材料，毛鹃还可经修剪培育成各种形态。在花季中绽放时，杜鹃总是给人热闹而喧腾的感觉。而不是花季时，深绿色的叶片也很适合栽种在庭园中作为矮墙或屏障。

自唐宋以来，诗人、词人皆多题咏。美丽的杜鹃花始终闪烁于山野，装点于园林，自古以来就博得人们的欢心。自唐宋诗人白居易、杜牧、苏东坡、辛弃疾、至明清杨升庵、康熙帝都有赞誉杜鹃花的佳作。大诗人李白见杜鹃花想起家乡的杜鹃鸟，触景生情，怀念家乡，写出了一首脍炙人口的诗："蜀国曾闻子规鸟，宣城还见杜鹃花。一叫一回肠一断，三春三月忆三巴。"

杜鹃花有个优美而离奇的传说，相传远古时蜀国国王杜宇，很爱他的百姓，禅位后隐居修道，死后化为子规鸟（又名子鹃），人们便把它称为杜鹃鸟。每当春季，杜鹃鸟就飞来唤醒老百姓："快快布谷！快快布谷！"嘴巴啼得流出了血，鲜血洒在山坡上，染红了漫山遍野的杜鹃花。因此，古人说："疑似口中血，滴成枝上花。"因此，在中国人的心理积淀中，杜鹃鸟、杜鹃花都成了思乡怀旧、哀怨伤感的意象。其实，"杜鹃花与鸟，怨艳两何赊。"而且，中国目前栽培的杜鹃花已远不止这"杜鹃似血"的红色品种，

第十一章 中国传统名花及其栽培

更有白、绿、粉、紫、朱、黄、镶边、嵌条、洒金等各种单色和复色，花型也不只是单瓣小喇叭，还有半重瓣、重瓣等类型，鲜艳夺目，五彩缤纷，千姿百态，而早已成为美好、吉祥的形象，还登上了不少城市的"市花"宝座，有的城市还有杜鹃园、杜鹃广场、杜鹃街道等，足见中国人对杜鹃花的厚爱。

三、杜鹃的繁殖与栽培

中国目前栽培的杜鹃园艺品种约有二三百个，分为"五大"品系，即春鹃品系、夏鹃品系、西鹃品系、东鹃品系、高山杜鹃品系。特别是西鹃，因其花色、瓣形十分丰富，观赏价值高，而更为名贵。但因其习性娇嫩，喜欢温暖、湿润的气候，严格要求酸性土壤，故常作盆栽观赏。

常采用扦插、高枝压条或嫁接繁殖，单瓣品种还可以播种繁殖。室内盆栽，花后要控制浇水，盆土"见干见湿"即可，土壤过干或过湿容易造成大量落叶。通常在4月中旬将苗盆移到室外通风凉棚下，不能强光暴晒，定期浇灌经过发酵的青草水或浓度为0.2%的硫酸亚铁水，可以防止叶尖枯黄。

第七节　寒冬娇客——茶花（*Camellia* spp.）

茶花（见图11.7）是山茶科山茶属常绿灌木或小乔木，别名山茶、山茶花、曼陀罗、耐冬等。"十大名花"中排名第七，亦是世界名贵花木之一。不仅树形优美，姿色俱佳，且四季常青，正值百花凋零的冬季开花，花期长达半年之久，因此深受人们喜爱。南方地区多用于庭院绿化，北方均室内盆栽。

一、茶花的栽培与文化起源

茶花在中国的栽培历史可追溯到蜀汉时期（公元221—263年）。三国时代，茶花已有人工栽培。在隋唐时代就已进入宫廷和百姓庭院了。但南北朝及隋代，帝王宫廷、贵族庭院里栽种的仍是野生原始种茶花，花单瓣红色。唐宋时期丞相李德裕著的《平泉山居草木记》有了品种记载。茶花在唐宋两朝达到了登峰造极之境。南宋诗人范成大曾以"门巷欢呼十里寺，腊前风物已知春"的诗句，来描写当时成都海六寺

图11.7　茶花

山茶花的盛况。宋代记载了茶花品种15个；元代只提出两个品种；明代记载的山茶新品种有27个；清代记载的山茶新品种有87个。明李时珍的《本草纲目》、王象晋的《群芳谱》、清代朴静子的《茶花谱》等都对山茶花有详细的记述。至今，世界上登记注册的茶花品种已超过2万个。中国的山茶品种有883个。

茶花原产于我国，到了7世纪时，首传日本，17世纪引入欧洲后造成轰动，18世纪山茶花多次传往欧美，因此获得"世界名花"的美名。

二、茶花的审美价值与文化内涵

茶花花姿丰盈，端庄高雅，在几乎所有的花朵都枯萎的冬季里依然盛放，茶花四季常青，生意盎然。茶花既具有"唯有山茶殊耐久，独能深月占春风"的傲梅风骨，又有"花繁艳红，深夺晓霞"的凌牡丹之鲜艳，深受文人墨客诗歌书画赞誉。郭沫若盛赞曰："茶花一树早桃红，百朵彤云啸傲中。"陆游有"雪裹开花到春晚，世间耐久孰如君？"全国各地有不少古茶花，虽历经几百年风雨，仍风采依然，娇艳似火，令人神往，实为罕见的花坛奇观，给当地的旅游业锦上添花，引观赏者络绎不绝。

山茶花凋谢时，不是整朵落下，而是一片片花瓣慢慢地凋谢，直到生命结束。这么小心翼翼、依依不舍的凋谢方式，和人们追求理想中伴侣的态度一样，所以渐渐地山茶花就成为对心中倾慕对象表达心意的代言了，象征可爱、谦让、谨慎，了不起的魅力和理想的爱。

三、茶花的繁殖与栽培

茶花喜温暖、湿润气候，夏季要求荫蔽环境，宜于酸性土生长。茶花的繁殖方法较多，有性繁殖和无性繁殖均可采用，其中扦插和嫁接法使用最普遍。

茶花可以人工控制花期，若需春节开花，可在12月初增加光照和气温，一般情况下，在25℃温度条件下，40天就能开花，若需延期开花，可将苗盆放于2℃~3℃冷室，若需"五一"开花，可提前40天加温催花。

第八节　清丽脱俗——荷花（*Nelumbo nucifera* Gartn.）

荷花（见图11.8）是睡莲科莲属多年生水生草本植物，别名莲花、芙蕖、芙蓉、菡萏、红蕖、水华、水芙蓉、草芙蓉、中国莲等，是我国著名水生花卉，也是百花中唯一能花、果（莲房）、实（莲子）、根（藕）同时并存，且全可食用药用的花卉。荷花原产我国，在我国各地多有栽培，有的可观花，有的可生产莲藕，有的专门生产莲子。荷花全身皆宝，藕和莲子能食用，莲蓬、莲子心（胚芽）入药，有清热、安神之效。

第十一章 中国传统名花及其栽培

一、荷花的栽培与文化起源

"荷"被称为"活化石",是被子植物中起源最早的植物之一。直到公元前五六千年的新石器时代,随着农耕文化的出现,人类对荷花开始了进一步的了解。西周时期荷花从湖畔沼泽的野生状态走进了人们的田间池塘。《周书》载有"薮泽已竭,既莲掘藕",说明当时的野生荷花已经开始作为食用蔬菜了。到了春秋时期,人们将荷花各部分器官分别定了专名。中国最早的字典,汉初时的《尔雅》就记有:"荷,芙蕖。其茎茄,其叶蕸,其本蔤,其华菡萏,其实莲,其根藕,其中菂,菂中薏。"

荷花以它的实用性走进了人们的劳动和生活,同时,也凭借它艳丽的色彩、幽雅的风姿深入到人们的精神世界。《诗经》中就有关于荷花的描述"山有扶苏,隰与荷花","彼泽之陂,有蒲与荷"。荷花作为观赏植物引种至园池栽植,最早是在公元前473年,吴王夫差在他的离宫(即苏州灵岩山)为宠妃西施赏荷而修筑的"玩花池"。春秋时期青铜工艺珍品"莲鹤方壶"(通高 118 cm,故宫博物院馆藏)则从美术方面,反

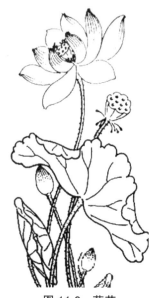

图 11.8 荷花

映了荷花对时代精神所起的重要作用,这件工艺珍品取材于真实的自然界,荷花花纹概括形象,龙和螭跃跃欲动。可见,荷花与被神化的龙、螭及仙鹤一样,已成为人们心目中崇高圣洁的象征。

秦汉之前,诸侯割据,战争频繁,劳动人民处于水深火热之中,秦始皇统一中国,结束了混战局面。在这个统一大帝国里,荷花文化得到了全面发展,逐步渗透到农业、经济、医学、宗教、艺术等各个领域。汉朝是中国农业空前发展的一个时期,对荷花的栽培发展产生了重要的作用。汉代以前,中国的荷花品种均是单瓣型的红莲。到了魏晋,出现了重瓣荷花。

西汉开始,中国的官私营商业迅速发展,丰富了各地区的商品种类,对荷花的传播分布有着重要意义。扩大了荷花的分布区域,使北方人民进一步认识荷花,从而极大地提高了荷花的栽培技艺,北魏贾思勰的《齐民要术》有记载。西汉时期,乐府歌辞逐渐盛行,由此产生了众多优美的采莲曲谣,如《采莲曲》(又称《采莲女》《湖边采莲妇》)等,歌舞者衣红罗,系晕裙,乘莲船,执莲花,载歌载舞,洋溢着浓烈的生活气息。中国的医学从秦汉起开始了新的发展,其中《神农本草经》就有莲藕药用保健功能的描述。

南北朝时期又发展有千瓣(并蒂)荷花。隋唐以后,荷花的栽培技艺进一步提高,有关荷花的诗词、绘画、雕塑、工艺等荷文化内容更加丰富多彩。在饮食文化中,荷花已进一步成为人们养生保健的名贵补品。同时荷花凭借它的色彩艳丽、风姿绰约进入了

私家园林。

至今南北各地的莲塘比比皆是。湖南就是中国最大的荷花生产基地。每逢仲夏，采莲的男女，泛着一叶轻舟，穿梭于荷丛之中，那种"乱入池中看不见，闻歌始觉有人来"的情景多么美妙。至于旅游赏荷的去处就更多了，诸如北京日坛公园、颐和园，武汉东湖磨山的园林植物园，杭州西湖十景之一的"曲院风荷"，南京莫愁湖，广东三水的荷花世界，济南大明湖等都可看到连片荷花的芳容，成为赏荷胜地。

二、荷花的审美价值与文化内涵

梅花耐冬，柳丝迎春，绿荷消夏，桐叶惊秋。荷花的绿色观赏期长达 8 个月，群体花期在 2～3 个月左右。夏秋时节，人乏蝉鸣，桃李无言，亭亭荷莲在一汪碧水中散发着沁人清香，使人心旷神怡；春季柳絮纷飞，小荷露尖；冬季柳丝披雪，残荷有声。香蒲熏风，雨中赏荷，更别有情趣。有关荷花的对联如：苏州拙政园的"四壁荷花三面柳，半潭秋水一房山"，南京莫愁湖的"柳影绿围三亩宅，藕花红瘦半湖秋"等。古诗赞："粉光花色叶中开，荷气衣香水上来"；"接天莲叶无穷碧，映日荷花别样红"。自北宋周敦颐写了"出淤泥而不染，濯清涟而不妖"的名句后，荷花出淤泥而不染的品格使其成为"君子之花"。她清新脱俗，出尘离染，象征清白纯洁的高贵气节，为古往今来文人墨客歌咏绘画的题材之一。

中华优秀传统文化，一直十分注重倡导和平、和谐。这方面最有代表性的是孔子的两句话，一是"和而不同"；一是"和为贵"。由于"荷"与"和""合"谐音，"莲"与"联""连"谐音，人们经常以荷花作为和平、和谐、团结、合作等的象征；以荷花的高洁象征和平事业、和谐世界的高洁。因此，某种意义上说，赏荷也是对中华"和"文化的一种弘扬。荷花品种丰富多彩，是"荷（和）而不同"，但又共同组成了高洁的荷花世界，是"荷（和）为贵"。

荷花与道教、佛教有着千丝万缕的联系，莲花还是道教的象征之一。民间有观莲花，放荷灯的习俗，许多城市将荷花定为市花。

三、荷花的繁殖与栽培

中国荷花品种资源丰富，传统品种约达 200 个以上。有小（碗莲）、大、中株型品种之分。依用途不同又可分为藕莲、子莲和花莲三大系统。根据《中国荷花品种图志》的分类标准共分为 3 系、5 群、23 类及 28 组。花有单瓣和重瓣之分，花色有桃红、黄色、白色，亦有复色品种。"千瓣莲"为荷中珍品，另有并蒂现象。荷花花期 7 月至 8 月，果熟期 9 月。

常用分藕繁殖和种子繁殖。分藕繁殖于 3 月中旬至 4 月中旬翻盆栽藕。栽插前，盆泥要和成糊状，栽插时种藕顶端沿盆边呈 20°斜插入泥，碗莲深 5 cm 左右。大型荷花深 10 cm 左右，头低尾高。尾部半截翘起，不使藕尾进水。栽后将盆放置于阳光下照晒，使表面泥土出现微裂，以利种藕与泥土完全黏合，然后加少量水，待芽长出后，逐渐加深水位，最后保持 3~5 cm 水层。池塘栽植前期水层与盆荷一样，以不淹没荷叶为度。种子繁殖首先要破壳。5~6 月将种子凹进的一端在水泥地上或粗糙的石块上磨破，浸种育苗。要保持水清，经常换水，约一周左右出芽，两周后生根移栽，每盆栽一株，水层要浅，不可将荷叶淹在水中。当年可开花，但当年开花不多。

第九节　十里飘香——桂花（*Osmanthus fragrans* Lour.）

桂花（见图 11.9）是木犀科木犀属常绿小乔木，别名木犀、岩桂、九里香、金粟。南方地区多用于庭院绿化，北方均室内盆栽。花可以提取香料，也可熏制花茶。桂花在中秋和国庆节前后开花，"金风送爽，十里飘香"。

一、桂花栽培与文化起源

我国桂花栽培历史悠久。文献中最早提到桂花是旧战国时期的《山海经·南山经》，谓"招摇之山多桂"。屈原《楚辞·九歌》也载有："援北斗兮酌桂浆，辛夷车兮结桂旗"，还留下"奠桂酒兮椒浆""沛吾乘兮桂舟"的美妙诗句，说明已有酿制桂花美酒的传统。自汉代至魏晋南北朝时期，

图 11.9　桂花

桂花已成为名贵花木与上等贡品，并成为美好事物的象征。《南部烟花记》记载，陈后主为爱妃张丽华造"桂宫"于庭院中，植桂一株，树下置药杵臼，并使张妃驯养一白兔，时独步于中，谓之月宫。可想而知，当时就把月亮认作月宫，有嫦娥、桂树、玉兔存在这一传说已相当普及，也说明早在 2000 多年前，中国就把桂树用于园林栽培了。唐代文人植桂十分普遍，吟桂蔚然成风。宋之问的《灵隐寺》诗中有"桂子月中落，天香云外飘"的著名诗句，故后人亦称桂花为"天香"。唐宋以后，桂花在庭院栽培观赏中得到广泛的应用。元代倪瓒的《桂花》诗中有"桂花留晚色，帘影淡秋光"的诗句。据说现陕西汉中市城东南圣水内还有汉桂一株，相传为汉高祖刘邦臣下萧何手植，枝叶繁茂，苍劲雄伟。桂花的民间栽培始于宋代，昌盛于明初。中国历史上的五大桂花产区均在此间形成。随着现代栽培技术的进步，原产于南方的桂花已经引种到北方并广为栽培。

中国桂花于 1771 年经广州、印度传入英国，此后在英国迅速发展。现今欧美许多国家以及东南亚各国均有栽培，以地中海沿岸国家生长为最佳。

二、桂花的审美价值与文化内涵

桂花终年常绿,枝繁叶茂,秋季开花,芳香四溢,可谓"独占三秋压群芳"。桂花清雅高洁,被称为"仙友""仙客"。黄花细如粟,故又有"金粟"之名。花开于秋,旧说秋之神主西方,所以也称"西香"或"秋香"。桂花树是崇高、贞洁、荣誉、友好和吉祥的象征,凡出类拔萃之人,仕途得志者谓之"折桂",有芳誉千乡的光荣之感。八月桂花遍地开,桂花开放幸福来。每年中秋月明,天清露冷,庭前屋后、广场、公园绿地的片片桂花盛开,在空气中浸润着甜甜的桂花香味,冷露、月色、花香,最能激发情思,给人以无穷的遐想。农历八月,古称桂月,此月是赏桂的最佳时期,又是赏月的最佳月份。中国的桂花,中秋的明月,自古就和我国人民的文化生活联系在一起。许多诗人吟诗填词来描绘桂花、颂扬它,甚至把它加以神化,嫦娥奔月、吴刚伐桂等月宫系列神话,月中的宫殿,宫中的仙境,无不有桂花置于其中成为历代脍炙人口的美谈。桂树竟成了"仙树""花中月老"。宋代韩子苍诗:"月中有客曾分种,世上无花敢斗香。"李清照称桂花树"自是花中第一流"。旧式庭园常用对植,古称"双桂当庭"或"双桂留芳"。在住宅四旁或窗前栽植桂花树,能收到"金风送香"的效果。校园取"蟾宫折桂"之意,也大量的种植桂花。

三、桂花的繁殖与栽培

桂花品种较多,常见栽培的有四大品系,即金桂(花金黄色)、银桂(花黄白色)、丹桂(花橙红色)和四季桂(四季开花)。桂花可用嫁接法、扦插法、压条法、播种法繁殖育苗。春季进行枝接或靠接,秋季进行芽接,砧木可选用桂花实生苗或女贞,也可用流苏树做砧木,提高桂花树的抗寒性。栽植土要求偏酸性,忌碱土。盆栽桂花盆土的配比是腐叶土2份、园土3份、沙土3份、腐熟的饼肥2份,将其混合均匀,然后上盆或换盆,可于春季萌芽前进行。生长旺季可浇适量的淡肥水,花开季节肥水可略浓些,还要采取除萌、抹芽、摘心、扭梢、短截、回缩和疏枝等修剪措施。北方园林种植的幼树入冬后浇冻水并在树基部培土护根,再用厚报纸或塑料膜包裹树干和枝条,以防冻害。

第十节 凌波仙子——水仙
(*Narcissus tazetta* L. var. *chinensis* Roem.)

水仙(见图11.10)是石蒜科水仙属多年生草本植物,又名中国水仙,是多花水仙的一个变种。

一、水仙的栽培与文化起源

中国水仙的原种为唐代从意大利引进,是法国多花水仙的变种,在中国已有一千多年栽培历史，经上千年的选育而成为世界水仙花中独树一帜的佳品，为中国十大传统名花之一。因为鳞茎生得颇像洋葱、大蒜，故六朝时称"雅蒜"、宋代称"天葱"。

水仙花早在唐、宋时期盆养已相当普遍。宋代时，有一闽籍的京官告老回乡，当他乘船南返，将要回到家乡漳州时，见河畔长有一种水生植物，开着芳香的小白花，便叫人采集一些，带回培植。迄今越加兴盛，以漳州水仙最负盛名。

《漳州府志》记载，明初郑和出使南洋时，漳州水仙花已被当作名花而远运外洋了。

图 11.10　水仙

二、水仙的审美价值与文化内涵

宋黄庭坚的诗中有："凌波仙子生尘袜，水上轻盈步微月。"形容水仙如同仙女，脚穿罗袜，亭亭玉立站在水中，从此水仙素有"凌波仙子"的雅称。它茎叶清秀，形美、花多、花香怡人，深受国人喜爱，同时畅销国际市场。冬季用于装点书房、客厅，格外生机盎然。不过，需要注意的是，水仙茎叶多汁有小毒，不可误食，牲畜误食会导致痉挛。鳞茎捣烂外敷，可以治疗疮痈肿。

水仙凌波玉立，馥郁芳香。传说水仙是尧帝的女儿娥皇、女英的化身。她们二人同嫁给舜，姐姐为后，妹妹为妃，三人感情甚好。舜在南巡驾崩，娥皇与女英双双殉情于湘江。上天怜悯二人的至情至爱，便将二人化为江边水仙，她们也成为腊月水仙的花神了。前人据此写下许多赞美水仙花的诗篇，如曹植的《洛神赋》，宋代高似孙的水仙花前赋与后赋。若把他们书写水仙花的美凝聚到一点，便是"纯洁"。

水仙的拉丁名和英文名均为 Narcissus（纳克索斯）。传说古希腊神话中一个名叫 Narcissus 的少年，清秀俊美，却对任何姑娘不动心，只爱慕自己水中的倒影，最终在顾影自怜中抑郁死去，并化作水仙，留在水边终身守望着自己的影子。所以在西方，水仙花的花语又有自恋的意思。

三、水仙的繁殖与栽培

水仙常见栽培品种有"金盏银台"（单瓣花）和"玉玲珑"（重瓣花）。水仙可用鳞茎繁殖，可以水养，亦能盆栽。侧球（鳞茎）繁殖是最常用的一种繁殖方法。侧球着生在鳞茎球外的两侧，仅基部与母球相连，很容易自行脱离母体，秋季将其与母球分离，单独种植，次年产生新球。用包在鳞茎球内部的侧芽，秋季撒播在苗床上，翌年亦可生出新球。也可用双鳞片繁殖，一个鳞茎球内包含着很多侧芽，有明显可见的，有隐而不见的，但其基本规律是间隔两张鳞片1个芽。用带有两个鳞片的鳞茎盘作繁殖材料就叫双鳞片繁殖，其方法是把鳞茎先放在低温4℃~10℃处4~8周，然后在常温中把鳞茎盘切小，使每块带有两个鳞片，并将鳞片上端切除留下2 cm米作繁殖材料，然后用塑料袋盛含水50%的蛭石或含水6%的砂，把繁殖材料放入袋中，封闭袋口，置20℃~28℃黑暗的地方。经2~3月可长出小鳞茎，成球率80%~90%。这是近年发展的新方法，四季可以进行，但以4~9月为好，生成的小鳞茎移栽后的成活率高达80%~100%。

将水仙鳞茎于春节前三五十天时雕刻，上盆水养，清供案头，则刚好在春节期间开放，增加节日喜庆气氛。水仙花雕刻（水仙雕刻技术参见 http：//www.cyone.com.cn/cfsp/14661.html）是把有生命的植物，不露痕迹地雕琢成为同样鲜活的艺术品，可以说是"有生命的艺术品"，是"破坏中重生的艺术"。

第十一节　玉雪霓裳——玉兰（*Magnolia denudate* Desr.）

玉兰（见图11.11）是木兰科木兰属落叶乔木，又称玉堂春、望春花、木兰、辛夷、木笔等。玉兰从树姿到花形皆美，结蕾于冬，不叶而放花于春，盛花若雪涛落玉，莹洁清香，蔚为奇观，深受我国人民的喜爱，是中国古典园林中最具传统特色的树种之一。

一、玉兰的栽培与文化起源

玉兰在我国栽培的历史已长达2500年之久。据南朝梁国任的《述异记》记载："木兰洲在浔阳，江中多木兰树。昔吴王阖闾植木兰于此，用构宫殿。七里洲中，有鲁班刻木兰为舟，舟至今在洲。诗家云木兰舟，出于此。"这是我国关于古代栽植玉兰的最早记载。浔阳，今江西九江市，在南郊庐山，现尚有多株野生玉兰树。

伟大诗人屈原的词赋作品中也多次出现关于"木兰"的表述，如"朝饮木兰之

图11.11　玉兰

坠露兮，夕餐秋菊之落英"（《离骚》），后"兰"经流传意化而成"兰舟"的美称，并被后世文学作品大量引用，用于喻指言及之人或物的品德高贵清雅、超凡脱俗。

秦统一中国后，便于长安骊山以举国之力营建阿房宫和上林苑，宫苑中广植美花佳木，所引花木中即包括玉兰。秦人宗敏求《长安志》中有云："阿房宫以木兰为梁，以磁石为门。"此外，我国考古工作者也自长沙马王堆一号汉墓中发现了保存完好的"辛夷"，经鉴定为用作香料和药物的玉兰花蕾。这说明早在2 100年前的汉代，已将玉兰

的花蕾作为官宦陪葬品。

自隋唐后，玉兰已被视为名贵花木而广泛地人工栽培于园林或庭院中。甘肃省天水市玉兰村太平寺内，有唐代所植2株"双玉兰"的姐妹树。据史料记载，此"双玉兰"为1 200多年前杜甫流寓天水所作《太平寺泉眼》诗中之玉兰幼树，为我国现存最古老的玉兰树，树高25 m，胸围2.60 m。齐白石老人于95岁高龄时曾题"双玉兰堂"匾额一面，太平寺后改名为"双玉兰堂"。

唐宋各代以至清末众多名家关于玉兰的描写或借以抒情的诗文极多。如宋人吴文英《琐窗寒·玉兰》则更以"占香上国幽心展。遗芳掩色，真姿凝澹。……比来时、瘦肌理消，冷熏沁骨悲乡远"的语句，将诗人去国怀乡的忧愤之情寄于寒窗之外洁白素雅、初春竞放的玉兰花。明人更是在玉兰已有内涵的基础之上又赋以新意，常以"玉雪霓裳"状其形色并暗喻幽幽长恨的杨玉环，如"霓裳片片晚妆新，束素亭亭玉殿春。已向丹霞生浅晕，故将清露作芳尘"（睦石《玉兰》）。王象晋在《群芳谱》"花谱"四卷列举了花月令，古人以此物候知识来指导农事活动与花卉生产等，其中"二月，桃夭，棣棠奋，蔷薇爬架，海棠娇，梨花溶，木兰竞秀"则俱指玉兰早春二月开花的特性。而康熙面对皇苑中雪涛云蔚状的玉兰盛放之景更是诗兴勃发，题《玉兰》诗云："琼姿本自江南种，移向春光上苑栽。试比群芳真皎洁，冰心一片晓风开。"诗句抒发了作者指点世间万物苍生的帝王情怀。

在玉兰花文化的演进历程中，各代文人通过诗词文赋等表现形式，将玉兰的花文化内涵不断凝聚、升华与传承，最终将玉兰提炼和意化为具有我国文化底蕴的精神印象，并上升至一个美好和精深的情感境界，极大地推动了玉兰花文化的发展与传播，并成为中国花文化中的重要组成部分。

二、玉兰的审美价值与文化内涵

玉兰的花之美，在古代，诗人常以"玉雪霓裳"状其姿色。玉兰为花中的玉树，秉承君子之气概，高雅、淡定、骨气铮铮，能屈能伸，不为生在众花丛中而自喜，亦不为生在荒野之处而自艾，全意盛开，一旦凋零，玉颜不改往日。白玉兰不仅花开时美，其花朵凋落也富于诗意，微风过处，花瓣如玉，枝头纷落，又如白蝶满园飞舞，正是"微风吹万舞，好雨尽千妆"。玉兰象征着美丽、高洁、芬芳、纯洁。

清代赵执信在《大风惜玉兰花》中以"如此高花白于雪，年年偏是斗风开"的诗句赞美了玉兰不畏恶劣环境，早春傲然开放的顽强精神。鲁迅先生也着笔墨盛赞玉兰有"寒凝大地发春华"的刚毅品质。初唐诗人王维《辛夷坞》曰："新诗已旧不堪闻，江南荒馆隔秋云。多情不改年年色，千古芳心持赠君。"因玉兰花高洁，且在初春开放，作者以花自喻，成为后人引玉兰为长久的高洁之心和高风亮节象征的佳句。李煜《木兰花》："凤箫声断水云闲，重按霓裳歌遍彻。临风谁更飘香屑，醉拍阑干情未切。"陆游《病中观辛夷花》："粲粲女郎花，忽满庭前枝。繁华虽少减，高雅亦足奇。"此外，还有以木兰为名的词牌名，如"木兰花令""木兰花慢""减字木兰花""偷声木兰花"等。

园林中的"庭院八品"即玉兰、海棠、牡丹、桂花、翠竹、芭蕉、梅花、兰花,玉兰位居八品之首。玉兰与海棠、牡丹配置表达"玉堂富贵"。

三、玉兰的繁殖与栽培

玉兰的繁殖方法有嫁接繁殖、压条繁殖、扦插繁殖、播种繁殖。播种于秋季采种即播,或除去外种皮沙藏至翌年春播;扦插于夏季或夏秋季剪取嫩枝插。一般硬枝插很难生根。气候温润的南方,春季花谢后,选二三年生粗壮枝环剥后空中压条,翌年春季切离。嫁接在秋季切接或芽接,也可初春靠接。

玉兰不耐移植,特别不宜在深秋或冬季移栽。定植移栽以春季花谢后刚展叶时为宜。仲秋(9月)亦可移栽。玉兰愈伤能力差,一般不进行修剪。必要时,可在花谢后叶芽开始伸展时修剪。玉兰既怕涝又怕旱,土壤过湿,叶会枯黄脱落,过干又会枯尖卷叶。花期凡花瓣过分外张时,说明水分不足,水分适宜则呈含苞状。

目前,园林中常见的玉兰除了白玉兰外,还有紫玉兰、二乔玉兰、荷花玉兰,生长习性略有差异,繁殖与栽培方法有所不同。

第十二节 花香馥郁——蜡梅
(*Chimonanthus praecox* Lindl.)

蜡梅(见图11.12)是蜡梅科蜡梅属落叶灌木,常丛生,别名金梅、蜡梅、蜡花、黄梅花。花芳香美丽,是冬季观赏的名贵花木。蜡梅与梅花皆是我国传统名花,合称"二梅"。

一、蜡梅的栽培与文化起源

蜡梅是中国传统文化中"梅文化"和"梅史"的重要组成部分。"二梅"所涉及的文化现象被称为"二梅文化"。陈俊愉院士主编的《中国花经》详细记述了蜡梅的栽培历史。蜡梅是我国特有珍贵花木,引种栽培历史至少在1000年以上。唐代以前蜡梅常与梅花混淆,因为二者花期较近,又均先叶开花。北宋黄庭坚在《山谷诗序》中提到:"东洛间有一种花,香气似梅花,亦五出,而不能品明,类女工燃蜡所成,京洛人因谓蜡梅。"苏轼在杭

图 11.12 蜡梅

州时有七言古诗《蜡梅花一首赠赵景祝》提到"玉蕊檀心两奇绝",已有'玉蕊''檀心'两个品种。蜡梅最早引种时期应在北宋以前。宋代范成大的《范村梅谱》科学地区别了蜡梅与梅花,还列举了狗蝇梅、磬口梅、檀香梅3个品种。由此可见,唐宋时期的蜡梅栽培应该是相当普遍了。唐宋期间,吟咏蜡梅的诗词亦大增,在中国历史上达到了一个鼎盛时期。明清时期是蜡梅花文化的传承发展阶段。到了明清时期,人们对于蜡梅的认识就更加清楚了,为蜡梅栽培的昌盛期,《本草纲目》等许多文献记载并描述了蜡梅的特征及培育出的品种。清代蜡梅栽培有了新的发展,尤其华北一带的蜡梅享誉四方,流传着"鄢陵蜡梅冠天下"的谚语。据《鄢署杂钞》中记载:"郡陵素心蜡梅,其色淡黄,其心洁白,高仅尺许,老干疏枝,花香馥郁,雅致动人。四方诸君子,购求无虚日。"近现代是蜡梅花文化的提升阶段。现代蜡梅相关的研究有了长足的发展,尤其是 1985年以来是蜡梅科植物研究最为活跃的时期,从宏观的形态分类、种质资源的研究到化学成分、细胞学的研究均有涉及,研究范围的宽度与深度都有很大发展。

二、蜡梅的审美价值与文化内涵

"二梅"傲霜斗雪,在逆境中粲然怒放,古来一向被推崇为"以韵胜,以格高"、坚贞不屈的代表,其所代表的文化意蕴为具有中华民族特质的"梅花精神"。蜡梅冬季开花,并以花香著称。寒冬腊月,百花凋零,蜡梅花开,香浓而不浊,令人久闻不厌。香味持久,令人难忘。蜡梅傲霜斗雪,气骨不凡,品格奇高,古代诗人对此多有吟咏。如陈棣《蜡梅三绝》:"林下虽无倾国艳,枝头疑有返魂香。"杨公远《蜡梅》:"一种孤芳别样奇,化工镕蜡雪霜时。"韩维《和提刑千叶梅》:"层层玉叶黄金蕊,漏泄天香与世人。"黄庭坚《戏咏蜡梅二首》:"体薰山麝脐,色染蔷薇露。披拂不满襟,时有暗香度。"这些诗句生动刻画了蜡梅的花格和花品。

三、蜡梅的繁殖与栽培

蜡梅原产我国中部山区,如今大江南北均栽有蜡梅,其中苏、浙、鄂、豫、皖、陕、川、沪等省市是我国蜡梅的主要栽培区。

蜡梅繁殖一般以嫁接为主,分株、播种、扦插、压条亦可。嫁接以切接为主,也可采用靠接和芽接。切接多在 3~4 月进行,当叶芽萌动有麦粒大小时嫁接最易成活。芽接繁殖宜在 5 月下旬至 6 月下旬为好,蜡梅芽接须选用一年生枝上的隐芽,其成活率高于当年生枝上的新芽,可采取"V"字形嫁接法。

蜡梅盆栽选择疏松肥沃、排水良好的沙质土壤做培养土,在盆或缸底排水孔上垫一层石砾,在每年的初冬选择花蕾饱满的小株,带土掘起,植于盆中,开花后即可陈列观赏。平时放在室外阳光充足处养护,必要时进行整形修剪和抹芽摘心。

附　录

附录一　中国历代花卉名著

一、综合类

1.《夏小正》

相传是夏朝时的作品，曾收入《大戴礼记》，宋朝傅松卿又重新校勘编订，它是我国对植物物候记载最早的著作，其中包括对梅、杏、桃、菊花花期的记载。

2.《南方草木状》

本书题名嵇含撰（304年），但可能为他人伪托，也有可能就晋人所著原书残本补缀而成。后魏贾思勰的《齐民要术》所引用的《南方草物状》无作者姓名，内容大致相仿，是我国最早记述岭南植物较详尽的书籍。书中共收草、木、果、竹共80种，其中包括了很多观赏植物。该书流传很广，曾被收入许多类书之中。

3.《魏王花木志》

作者佚名，由于此书曾被后魏·贾思勰在《齐民要术》中引用过，据考证可能是齐、梁间人所撰，现在可见到的只有残本，并且经过后人补缀，但总还是现在可以见到的最早的一部关于花木的专著。

4.《齐民要术》

后魏贾思勰撰，约著于500年。计10卷、92篇，包括农作物、果蔬、树木、畜牧、兽医、农产品加工等。有多种刻本（包括日本抄本）。

5.《园庭草木疏》

作者唐朝王方庆。王方庆博学而好著述。本书原为21卷，内容较丰富，但现在只《说郛》（委宛山堂140卷本）中辑有9种，十分可惜。

6.《平泉山居草木记》

作者唐朝李德裕。他是唐朝武宗时的宰相，颇有政绩。平泉山居是他在洛阳城外30

里的别墅,这本草木记记载了其中栽植的花草树木,从中可以知道当时习见和珍稀的花木。

7.《酉阳杂俎》

《酉阳杂俎》及其续集作者段成式影印成全书,晚唐时人,863 年成书。涉及花草典故颇多。

8.《洛阳花木记》

作者宋朝周师厚。书写成于元丰五年(1082 年)。作者是元丰四年到洛阳做官时,就本人所见所闻,记载了洛阳所产的牡丹、芍药及其他花卉共 500 余种,并记有繁殖、栽培的方法。

9.《桂海虞衡志》

作者南宋朝范成大。他曾在广西做过两年官。本书写成于淳熙二年(1175 年)。记载了他在广西所见所闻,其中志花、志草木等篇都仅记载他本人所认识的花果草木,共 96 种。文字简练,记载翔实,质量较高,故流传很广。

10.《全芳备祖》

作者南宋朝陈景沂。作者曾客游江淮,本书写成于宝祐四年(1256 年)。全书分前后两集,共 58 卷。前集全部写花,共 130 种。所著录的每种植物各有"事实祖""赋咏祖"和"乐府祖",以记其产地、品种、典故、诗词等。原来国内只剩残本,1980 年经日本宫内省图书馆协助,以其馆藏珍本影印成全书,是我国现存最早、包含花木最多的一部专著。

11.《种艺必用》

作者宋朝吴攒,元朝张福补遗。本书是笔记体裁,不分章节,每事列一条,都是经验之谈。从这本书可以看到,在距今 800 多年前,我国花卉种植在催花、养护、治虫等技术上都达到了相当高的水平。

12.《树畜部》

作者明朝宋诩。成书于 1504 年。全书共四卷:卷一总论栽树法,包括栽果木法;卷二种花卉和种竹、芦法;卷三种五谷和蔬菜法;卷四是畜类。书中所记多是第一手材料。

13.《本草纲目》

明朝李时珍著。书写成于 1578 年。此书是经过 30 年辛劳写成的,共五十二卷,包括谷、菜、果、木等,也有一些花卉。

14.《学圃杂疏》

作者明朝王世懋。成书于万历十五年(1587 年),共 3 卷。全书以花为主,所记大

都是作者本人园圃中所种植的,其栽培方法也是根据作者的实践经验。

15.《种树书》

在明、清两代多次刻行,有《居家必备》《说郛》等多种版本。作者姓名和书的内容,各种版本不同。作者多署名俞宗本,也有署名俞贞,分木、桑、竹、果、谷麦、菜、花等七节,有的则与此不同。

16.《遵生八笺》

作者明朝高濂。高濂是明代末期的著名作家,博学宏通。本书是其专谈摄生养性的杂著,成书于万历十九年(1591年),其中燕闲清赏笺、起居安乐笺均有对花木的品评、鉴赏及栽赏养护方法。

17.《瓶史》

明朝袁宏道著。书约成于1599年。书中有不少瓶花水养的有关技艺,是我国古代较早的一部插花技艺专著,对世界上瓶花水养,尤其是日本"花道"产生了一定影响。

18.《灌园史》

明朝陈诗教撰。成书于1616年,共4卷,1~2卷为"古献",即有关花木的掌故;3~4卷是"今刑",包括"花月令"及各种花卉、瓜果的栽培方法。

19.《花左编》

作者明朝王路。据本书自序,书写成于万历四十五年(1617年),共24卷,主要是辑录有关各种花木的品目、故事以及培植方法,缺点是引文大多未标明出处。书题名"花左编",是因作者原拟将有关花的辞翰辑为右编,后来右编未及纂成。

20.《汝南圃史》

作者周文华,字含章,1620年著。书中内容包括月令栽种、花果、木果、水果、木本花、条刺花、草本花、竹、木、草、蔬菜、瓜豆等12个方面,分别讲述栽培方法,多系作者亲身经验。

21.《二如亭群芳谱》(《群芳谱》)

作者明朝王象晋。王象晋是万历进士,他喜欢种植花草树木和药物,暇时就将自己的栽植经验手记下来,并辑录有关典故、诗词,经过10多年的资料积累,才于1621年写成此书。其内容较《全芳备组》等前人花卉书籍更为广泛完备,因此流传很广。后清康熙帝又命汪灏等就本书增删而成《广群芳谱》,内容更见严整、充实,书成于1708年。

22.《陶朱公致富奇书》(《农圃六书》)

作者及著书年代均不详,可能为明末之作。全书包括谷、蔬、木、果、花、药、畜牧、占候等部以及"四季备考""群花备考"等篇。

23.《培花奥诀录》

作者明朝绍吴散人知伯氏。作者真名已佚，在其自序中也未题年月。书中谈花木培植列举 60 余种，以牡丹、芍药、菊、兰和竹写得较为详细，并附记繁殖，养护诸法。此外，书中还有小型庭园的布置，以及蓄养瓶花的方法。

24.《老圃良言》

清朝初巢鸣盛撰。全书计一卷。书前有引，说到常听邻居老圃谈论，试之都有良效，因此笔录下来。书中讲到园圃里下种、分插、接换、移植、修补、保护、催养、却虫、贮土、灌溉等法，内容甚切实用。

25.《花佣月令》

清朝初徐石麟撰。本书以 12 个月为经，以移植、分栽、下种、过接、扦压、滋培、修整、收藏、防忌九事为纬，记述园艺操作方法。

26.《徐园秋花园》

清朝吴仪一著。吴字茶符，又字吴山，浙江钱塘人。他曾到山阴拜访性好种花的徐时叔。徐园多名品，二人畅论花事，并将该园秋花 37 种记录成书（1682 年），计一卷。

27.《花镜》

作者清朝陈子。作者喜欢读书和种花，自号西湖花隐翁，对于种花有很多心得。本书自序题康熙二十七年（1688 年）写成。书中如卷一花历新栽、卷二课花十八法，都是他的经验之谈。本书流传甚广，现在有伊软恒的注释本。

28.《北墅抱瓮录》

作者清朝高士奇。本书自序题康熙二十九年（1690 年）写成。书中记载花卉、竹、木、果、蔬、药、蔓共 222 种，与王象晋《群芳谱》类同，但加进了作者本人的看法意见。

29.《花木小志》

清朝谢堃著，1 卷，书中记载花木 130 余种。

30.《植物名实图考》

作者清朝吴其睿。刻印于道光二十八年（1848 年），是名闻世界的我国植物学名著。全书三十八卷，内群芳占五卷。书中所载植物，大半都经作者亲眼观察和访问，所附图十分精确。其姐妹篇《植物名实图表长编》，计二十二卷，搜罗了极丰富的有关史料，并阐述了作者意见。

31.《春晖堂花卉图说》

作者许衍灼。上海新学会社 1923 年出版。作者自序称爱花成癖，园中自种很多花

草,因感于古来许多培花书籍多有失之偏颇,故特采撷名家养花技艺编录。各书互异者则并录列,标举书名以明出处,是一部汇编性质的花卉书籍。

32.《花卉园艺学》

作者章君瑜。中华书局 1933 年初版,至 1947 年重版达 9 次。这本书是民国时期出版的主要花卉学中级教材,内容丰富翔实,亦可作花卉爱好者自学书籍。书中科学地叙述栽培管理方法,及中西花卉种类,并首次讲述现代温室、花坛之外形、构造等,提出栽培时间改用阳历。

33.《苗圃学》

李驹编著。1935 年商务印书馆出版。书中介绍园林植物繁殖育苗方法多种,传播了西方法国等当时所用技艺。

34.《艺园概要》

陈俊愉、汪菊渊、芮昌祉、张宇和编著,成都园地出版社 1943 年出版。内容包括常见草花、观赏树木、蔬菜、果树形态、繁殖、栽培、应用等。

35.《花经》

作者黄岳渊、黄德邻。上海新纪元出版社 1949 年出版,1985 年上海书店重新影印出版。黄岳渊、黄德邻父子两位是黄园主人、园艺实业家,他们根据自己 30 多年的莳花栽木经验编著成此书。全书 20 余万言,内容相当丰富,很有参考价值。书中也介绍了少数国外引进的花卉。

36.《观赏树木学》

作者陈植。上海永祥出版社 1955 年出版,1984 年由中国林业出版社增订出版,刘玉莲、徐大陆、吴诗华、唐绍平参加增订。内容共 6 章:总论、林木类、花木类、果木类、叶木类、荫木类、蔓木类。

37.《中国花经》

陈俊愉、程绪珂著,上海文化出版社 1990 年 8 月出版。

二、专类花谱类

(一)牡丹

1.《越中牡丹花品》宋·仲休作于 986 年(已佚)。
2.《洛阳牡丹记》宋·欧阳修作于 1031 年。
3.《洛阳花谱》宋·张峋作于 1041—1045 年(已佚)。
4.《洛阳牡丹记》宋·周师厚作于 1082 年。

5.《陈州牡丹记》宋·张邦基作于 1111—1117 年。
6.《天彭牡丹谱》宋·陆游作于 1178 年。
7.《亳州牡丹史》《牡丹八书》《亳州牡丹表》明·薛凤翔作于 1573—1620 年。
8.《亳州牡丹述》清·纽琇作于 1683 年。
9.《曹州牡丹谱》清·余鹏年作于 1793 年。

（二）芍药

1.《芍药谱》宋·刘攽作于 1073 年。
2.《芍药谱》(《扬州芍药谱》) 宋·王观作于 1075 年。
3.《芍药谱》宋·孔武仲作于 1075 年左右。

（三）菊花

1.《菊谱》(《刘氏菊谱》) 宋·刘蒙作于 1104 年。
2.《菊谱》(《史老圃菊谱》) 宋·史正志作于 1175 年。
3.《范村菊谱》(《石湖菊谱》) 宋·范成大作于 1186 年。
4.《百菊集谱》宋·史铸作于 1242 年。
5.《艺菊书》(《艺菊谱》) 明·黄省曾作于 16 世纪。
6.《东篱品汇录》明·卢璧作于 16 世纪。
7.《菊谱》明·周履靖作于 16 世纪。
8.《种菊法》陈继儒作于明末。
9.《渡花居东篱集》屠承作于明末。
10.《艺菊志》清·陆延灿作于 1718 年。
11.《菊谱》清·秋明主人作于 1746 年。
12.《沣菊谱》清·邹一桂作于 1756 年。
13.《菊谱》清·叶天培作于 1776 年。
14.《艺菊简易》清·徐京作于 1799 年。
15.《菊说》清·计楠作于 1803 年。
16.《东篱中正》清·许兆熊作于 1817 年。
17.《九华新谱》清·吴昇作于 1817 年。
18.《艺菊新编》清·萧清泰作于 1923 年。
19.《海天秋色谱》清·闵廷楷作于 1838 年。
20.《艺菊须知》清·顾禄作于 1838 年。
21.《西吴菊略》清·程岱作于 1845 年。
22.《菊志》(《蔬香小圃菊志》) 清·何鼎作于 1875 年。
23.《问秋馆菊录》附《霜圃识作》清·臧谷作于 1888 年。
24.《东篱纂要》清·邵承熙作于 1889 年。
25.《艺菊法》慕陶居士作于清末。

26.《艺菊琐言》清·陈葆善作于 1902 年。
27.《菊说》(《春晖堂菊说》) 民国·许衍灼作于 1922 年。
28.《菊花起源》陈俊愉主编，安徽科学技术出版社 2012 年 9 月出版。

（四）兰花

1.《金漳兰谱》宋·赵时庚作于 1233 年。
2.《兰谱》(《王氏兰谱》) 宋·王贵学作于 1247 年。
3.《兰谱奥法》明·赵时庚（托名）。
4.《罗篱斋兰谱》明·张应文作于 1596 年。
5.《兰易》《兰易十二翼》《兰史》冯京第作于明末。
6.《兰言》清·冒襄作于 17 世纪。
7.《第一香笔记》(《祖香小谱》) 清·朱克柔作于 1796 年。
8.《兰蕙镜》清·屠用宁作于 1811 年。
9.《兴兰谱略》清·张光照作于 1816 年。
10.《艺兰记》清·张文淇作于约 1819 年后。
11.《兰蕙同心录》清·许鼎作于 1865 年。
12.《艺兰四说》清·杜文澜作于约 1865 年前后。
13.《兰言述略》清·袁世俊作于 1876 年。
14.《艺兰要诀》吴传沄作于清末。
15.《养兰说》清·岳梁作于 1890 年。
16.《兰蕙小史》民国·吴恩元作于 1923 年。
17.《都门艺兰记》民国·于照作于 1928 年。

（五）梅花

1.《梅品》宋·张镃作于 1185 年。
2.《范村梅谱》(《梅谱》) 宋·范成大作于 1186 年。
3.《梅花喜神谱》宋·宋柏杜作于 1239 年。
4.《梅谱》陈世儒作于明代。
5.《梅史》汪懋孝作于明代。
6.《成都梅花品种之分类》汪菊渊、陈俊愉作于 1945 年。
7.《巴山蜀水记梅花》陈俊愉作于 1947 年。
8.《中国梅花品种图志》陈俊愉，中国林业出版社，1989 年出版。

（六）海棠

1.《海棠记》宋·沈立作于 1022—1063 年。
2.《海棠谱》宋·陈思作于 1259 年。

（七）桂花

《种岩桂法》梁廷栋作于清代。

（八）荷花

《瓦荷谱》清·杨钟宝作于1808年。

（九）月季

1.《月季新谱》明·陈继儒作于1757年。
2.《月季花谱》清·评花馆主作于1862—1874年。
3.《月季花谱》《月季续谱》清·许光照作于1862—1874年。
4.《月季花谱》清·陈葆善作于1902年左右。

（十）茶花

1.《茶花谱》明·赵壁作于1455年（已佚）。
2.《永昌二芳记》明·张志淳作于1455年前后（已佚）。
3.《滇中茶花谱》明·冯时可作于1567年。
4.《茶花谱》清·樸静子作于1719年。
5.《茶花谱》清·李祖望作于1846年。

（十一）凤仙

《凤仙谱》清·赵学敏作于1770年前后。

（十二）竹

1.《竹谱》戴凯之作于晋或刘宋。
2.《续竹谱》刘美之作于元代。
3.《笋谱》僧赞宁（高德清）作于宋初。
4.《竹谱》陈鼎作于清代。

附录二 世界各国的重要花卉节日

一、加拿大枫糖节

享有"枫叶之国"美称的加拿大,盛产枫树,用枫树熬制的枫叶糖果甜度适中,清香可口,深受人们的喜爱。每年3月,全国各地都要欢度传统的枫糖节。节日期间,各地生产枫糖的农场都要接待国内外的游客,有些农场还用各式各样的枫糖制品供人们免费品尝。加拿大人还为游客们表演精彩的民间歌舞,带领来宾们去欣赏美丽繁茂的枫林、枫叶。

二、奥地利水仙花节

每年3月下旬,在奥地利的巴特奥塞要举行一届水仙花节,花节期间选出当年的"水仙皇后"和"水仙公主",气氛十分热烈。巴特奥塞的水仙花节是奥地利规模最大的花节,每年都吸引大批游客专程到该地观赏奇妙的水仙花节。

三、美国樱花节

在美国,每年4月中旬的第一个周末是美国的樱花节。在这一天,首都华盛顿举行盛大游行。浩浩荡荡的游行队伍中,英武的女骑手,穿着和服跳扇子舞的美国女郎,驾着微型汽车来助兴的老人及各种丑角,分外引人注目。用樱花装饰的彩车,则更集中显现出了节日独特的风采。全国各个州都要选派"樱花公主"赴华盛顿参加活动,并从中挑选出"樱花皇后",还要举行加冕典礼,热闹非凡。美国的樱花节是1912年由日本传入的。

四、荷兰郁金香节

郁金香是荷兰的国花。每年暮春时节,郁金香盛开,整个大地像是铺了绚丽的地毯。最接近5月15日的那个星期三就是荷兰郁金香节。节日里,人们用五颜六色的鲜花扎成形态各异的花车,车上坐着"郁金香女王",欢乐的人们头戴花环,挥舞花束,簇拥着花车,浩浩荡荡,穿街过市,形成鲜花的长河。

五、保加利亚玫瑰节

保加利亚以"玫瑰之邦"闻名于世,保加利亚人民把玫瑰敬为"国花"。每年6月的第一个星期日是保加利亚的玫瑰节。庆祝活动的中心在盛产玫瑰的卡赞利克和卡文洛优山谷。节日这天,人们盛装打扮云集于此,"玫瑰姑娘"们满怀喜悦地采摘着鲜丽的玫瑰花,然后扎成花环献给来宾,把花瓣扔向人群。玫瑰花农在乐曲的伴奏下跳起欢乐的舞蹈,举行庆祝玫瑰丰收的仪式。

六、斐济红花节

红花的学名叫朱槿,是一种常年开花的热带灌木。红花是斐济的国花,每年8月,斐济都要在首都苏瓦市举行为期7天的红花节庆祝活动。人们把苏瓦市装扮得分外妖娆,街道上搭起了牌楼,彩旗迎风招展,花草和彩灯争相辉映。节日的最后一个晚上,宣布评选"红花皇后"的结果,并为当选的前3名"红花皇后"戴上红花编织的"皇冠"。

七、墨西哥仙人掌节

素有"仙人掌之国"之称的墨西哥,在每年8月中旬都要在米尔帕阿尔塔地区举行盛大又隆重的仙人掌节。节日期间,当地政府所在地张灯结彩,四周搭起餐馆,专做仙人掌食品出售。同时,还展出各种仙人掌食品,如蜜饯、果酱、糕点及以仙人掌为原料制成的洗涤剂等生活用品。

八、日本菊花节

每年农历九月初九是日本的传统节日——菊花节,人们或在摆满菊花的阳台上,或去菊花园中,举行菊花酒会。大家一边品着菊花酒,一边欣赏五彩纷呈的菊花。节日期间,日本许多地方举办菊花展览,其中福岛的"菊人形花展"大享盛名。

附录三　世界各国国花与市花

1. 亚洲地区相关国花

阿富汗——小麦花（*Triticum sativum*，禾本科）、郁金香

缅甸龙——船花（*Ixora coccinea*，茜草科）

柬埔寨——稻花（*Oryza sativa*，禾本科）、隆都花

印度——莲花（*Nelumbo nucifera*，睡莲科）、菩提树

印度尼西亚——毛茉莉（*Jasminum multiforum*，木犀科）、美丽蝴蝶兰

伊朗——突厥蔷薇（*Rosa damascena*，蔷薇科）、钟花郁金香

伊拉克——红玫瑰（*Rosa* cvs.，蔷薇科）枣椰子

以色列——油橄榄（*Olea europaea*，木犀科）

日本——樱花（*Ceraus yedoensis*，蔷薇科）、菊花

朝鲜——天女花（*Magnolia sieboldii*，木兰科）、迎红杜鹃

韩国——木槿花（*Hibiscus syriacus*，锦葵科）

老挝——鸡蛋花（*Plumeria alba.*，夹竹桃科）、菩提树

黎巴嫩——黎巴嫩雪松（*Cedrus libani*，松科）

马来西亚——朱槿（*Hibiscus rosasinensis*，扶桑，锦葵科）、椰子

孟加拉——延药睡莲（*Nymphaea nouchli*，睡莲科）

尼泊尔——喜马拉雅山杜鹃（*Rhododendron arboreum*，杜鹃科）、莲花

巴基斯坦——苏方花（*Jasminum officinale*，木犀科）

菲律宾——茉莉（*Jasminum sambac*，木犀科）、西谷米

沙特阿拉伯——乌丹玫瑰（*Rosa* cvs.，蔷薇科）、海枣

斯里兰卡——延药睡莲（*Nymphaea nouchli*，睡莲科）

叙利亚——钟花郁金香（*Tulipa sylvestris*，百合科）、月季

泰国——腊肠树（*Cassia fistula*，豆科）、睡莲

土耳其——钟花郁金香（*Tulipa sylvestris*，百合科）

也门——咖啡（*Coffea arbica*，茜草科）

新加坡——卓锦万代兰（*Vanda* cvs.，兰科）

阿拉伯联合酋长国——孔雀草（*Tagetes patula*，菊科）、百日草

2. 非洲地区相关国花

埃及——睡莲（*Nymphaea caerulea*，睡莲科）

埃塞俄比亚——马蹄莲（*Zantedeschia aethiopica*，天南星科）、咖啡

加蓬——苞萼木（*Spathodea campanulata*，紫葳科）

加纳——海枣（*Phoenix dactylifera*，棕榈科）、可可、非洲鹅掌楸

利比亚——石榴（*Punica granatum*，安石榴科）

174

附 录

利比里亚——胡椒（*Piper nigrum*，胡椒科）、油椰、香草果
马达加斯加——旅人蕉（*Ravenala madagascariensis*，旅人蕉科）
塞拉利昂——非洲油椰（*Elaeis guineensis*，棕榈科）
南非——帝王花（*Protea cynaroides*，山龙眼科）
坦桑尼亚——丁香（*Syzygium aromaticum*，桃金娘科）
塞内加尔——猴面包树（*Adansonia digitata*，木棉科）
突尼斯——金合欢（*Acacia farnesiana*，含羞草科）、油橄榄
阿尔及利亚——鸢尾（*Iris tectorum*，鸢尾科）、澳洲夹竹桃
阿扎尼亚——卜若地（*Brodiaea californica*，百合科）
津巴布韦——嘉兰（*Gloriosa rothschildiana*，百合科）

3. 欧洲地区相关国花

阿尔巴尼亚——胭脂虫栎（*Quercus coccifera*，壳斗科）
奥地利——高山火绒草（*Leontopodium alpinum*，菊科）、白百合花
比利时——虞美人（*Papaver rhoeas*，罂粟科）、杜鹃花
保加利亚——大马士革玫瑰（*Rosa damascena*，蔷薇科）
捷克——捷克椴（*Tilia europaea*，椴树科）、玫瑰、康乃馨
丹麦——红三叶草（*Trifolium pratense*，豆科）、山毛榉、五叶银莲花
英国——红玫瑰（*Rosa rugosa*，蔷薇科）
法国——香根鸢尾（*Iris pallida*，鸢尾科）、玫瑰
芬兰——铃兰（*Convallaria majalis*，百合科）、英国栎、林奈木
德国——矢车菊（*Centaurea cyanus*，菊科）、欧椴
希腊——油橄榄（*Olea europaea*，木犀科）、月桂树、香堇菜
荷兰——郁金香（*Tulipa gesneriana*，百合科）、紫百合、康乃馨
匈牙利——郁金香（*Tulipa gesneriana*，百合科）、天竺葵
意大利——雏菊（*Bellis pernnis*，菊科）、五针松、康乃馨、堇菜
爱尔兰——三叶草（*Trifolium repens*，豆科）、金雀花、酢浆草
卢森堡——玫瑰（*Rosa* cvs.，蔷薇科）
摩纳哥——康乃馨（*Dianthus caryophyllus*，石竹科）
挪威——挪威云杉（*Picea excelsa*，松科）
波兰——三色堇（*Viola tricolor*，堇菜科）、春白菊、罂粟
葡萄牙——薰衣草（*Lavandula stoechas*，唇形科）、巴旦杏、白堇菜、栎树
罗马尼亚——玫瑰（*Rosa* cvs.，蔷薇科）、白蔷薇
圣马力诺——仙客来（*Cyclamen neapolifanum*，报春花科）、玫瑰、油橄榄
苏格兰——大翅蓟（*Onopordum acanthium*，菊科）
西班牙——石榴（*Punica granatum*，安石榴科）、玫瑰、康乃馨、油橄榄
瑞典——铃兰（*Convallaria majalis*，百合科）、北极花
瑞士——高山火绒草（*Leontopodium alpinum*，菊科）、迎红杜鹃、龙胆草

175

俄罗斯——向日葵（*Heliantihus annuus*，菊科）
梵蒂冈——马东百合花（*Lilium candidum*，百合科）
南斯拉夫——桃花（*Prunus domestica*，蔷薇科）、欧椴、铃兰
拉脱维亚——牛眼菊（*Leucanthemum vulgare*，菊科）
马耳他——矢车菊（*Centaurea cyanus*，菊科）

4. 美洲地区相关国花

美国——玫瑰（*Rosa* cvs.，蔷薇科）、山楂
加拿大——糖槭（*Acer sachrum*，槭树科）
哥斯达黎加——卡特兰（*Cattleya skinneri*，兰科）
古巴——姜花（*Hedychium coronarium*，姜科）、大王椰子
多米尼加——桃花心木（*Swietenia mahogani*，楝科）、三色堇
危地马拉——白花修女兰（*Lycasta skinneri*，兰科）、桃花心木
海地——王棕（*Roystonea regia*，棕榈科）、西沙尔麻
洪都拉斯——康乃馨（*Dianthns caryophyllus*，石竹科）、北美油松、红玫瑰
牙买加——西非荔枝果（*Blighia sapida*，阿奇果）
墨西哥——大丽菊（*Dahlia* cvs.，菊科）、胭脂仙人掌
尼加拉瓜——姜花（*Hedychium coronarium*，姜科）
萨尔瓦多——象脚丝兰（*Yucca elephantipes*，龙舌兰科）、咖啡
特立尼达和多巴哥——艳红赫蕉（*Heliconia humilis*，芭蕉科）
阿根廷——鸡冠刺桐（*Erythrina crista-galli*，豆科）、卡特莱兰
巴西——蟹爪兰（*Zygocactus truncatus*，仙人掌科）、巴西木、钟花树
智利——智利风铃花（*Lapageria rosea*，百合科）、海红豆
哥伦比亚——冬卡特莱兰（*Cattleya trianei*，兰科）、咖啡
厄瓜多尔——白花修女兰（*Lycaste skinneri*，兰科）、红金鸡纳树
巴拉圭——茉莉花（*Jasminum sambac*，木犀科）
乌拉圭——鸡冠刺桐（*Erythrina crista-galli*，豆科）
委内瑞拉——五月兰（*Catasetnm pileatum*，兰科）

5. 大洋洲地区相关国花

澳大利亚——金合欢（*Acacia farnesiana*，含羞草科）
新西兰——银蕨（*Cyathea dealbata*，沙椤科）、四翅槐、贝壳杉
斐济——朱槿（*Hibiscus rosa-sinensis*，锦葵科）

附录四 中国各省份省花和部分城市市花

1. 直辖市市花

北京：月季、菊花
上海：玉兰
天津：月季
重庆：山茶花

2. 特别行政区区花

香港：洋紫荆
澳门：荷花

3. 省花及省会城市市花

台湾：蝴蝶兰——台北市：杜鹃
广东：木棉——广州市：木棉
福建：水仙——福州市：茉莉
浙江：玉兰——杭州市：桂花
江苏：茉莉——南京市：梅花
山东：牡丹——济南市：荷花
湖北：梅花——武汉市：梅花
河南：蜡梅——郑州市：月季
陕西：百合——西安市：石榴
山西：榆叶梅——太原市：菊花
甘肃：郁金香——兰州市：玫瑰
青海：郁金香——西宁市：丁香
贵州：杜鹃——贵阳市：兰花
辽宁：天女花——沈阳市：玫瑰
湖南：荷花——长沙市：杜鹃
河北：太平花——石家庄市：月季
四川：木芙蓉——成都市：木芙蓉
吉林：君子兰——长春市：君子兰
江西：杜鹃——南昌市：金边瑞香、月季
黑龙江：丁香、玫瑰——哈尔滨市：丁香
云南：云南山茶、常绿杜鹃——昆明市：云南山茶
安徽：紫薇、黄山杜鹃——合肥市：桂花、石榴

4. 自治区首府城市市花

西藏自治区：龙胆、报春——拉萨市：格桑花

广西壮族自治区：桂花——南宁市：朱槿

宁夏回族自治区：马兰花——银川市：玫瑰

新疆维吾尔自治区：雪莲——乌鲁木齐市：玫瑰

内蒙古自治区：马兰花、金老梅——呼和浩特市：丁香

附录五 二十四番花信风

二十四番花信风简称"花信风",应花期而来的风。我国古代以五日为一候,三候为一个节气。每年冬去春来,从小寒到谷雨这8个节气里共有24候,每候都有某种花卉绽蕾开放,便有了"24番花信风"之说。一年花信风梅花最先,楝花最后。经过24番花信风之后,以立夏为起点的夏季便来临。

小寒:一候梅花,二候山茶,三候水仙;
大寒:一候瑞香,二候兰花,三候山矾;
立春:一候迎春,二候樱花,三候望春;
雨水:一候菜花,二候杏花,三候李花;
惊蛰:一候桃花,二候棣棠,三候蔷薇;
春分:一候海棠,二候梨花,三候木兰;
清明:一候桐花,二候麦花,三候柳花;
谷雨:一候牡丹,二候荼蘼,三候楝花。

梁元帝《纂要》另有一年的二十四番花信风:"一月二番花信风,阴阳寒暖,冬随其时,但先期一日,有风雨微寒者即是。其花则:鹅儿、木兰、李花、杨花、桤花、桐花、金樱、鹅黄、楝花、荷花、槟榔、蔓罗、菱花、木槿、桂花、芦花、兰花、蓼花、桃花、枇杷、梅花、水仙、山茶、瑞香,其名俱存。"

附录六　花中十友和十二客

一、花中十友

"花中十友"是人们把十种性格各异的花,比作人的十种朋友,可谓是"人本天地中一物,天地万物皆为友"。流传最广的是宋代诗人曾端伯的"花中十友"之说,后有人更将这十种花卉各配诗一首。

1. 兰花——芳友

春晖开禁苑,淑景媚兰场。
映庭含浅色,凝露泫浮光。
日丽参差影,风传轻重香。
会须群子折,佩里作芬芳。
(唐·李世民)

2. 梅花——清友

吾家洗砚池头树,朵朵花开淡墨痕。
不要人夸好颜色,只留清气满乾坤。
(元·王冕)

3. 蜡梅——奇友

天向梅梢独出奇,国香未许世人知。
殷勤滴蜡缄封印,偷被霜风折一枝。
(宋·杨万里)

4. 瑞香——殊友

幽香洁浅紫,来自孤云岭。
骨香不自知,色浅决殊知。
(宋·苏轼)

5. 莲花——净友

莲花生淤泥,净色比天女。
空明世无匹,银瓶送佛听。
蔫然落宝床,庆返梵天去。
(唐·孔颖达)

6. 栀子——禅友

禅友何时到，远从毗舍园。
妙香通鼻观，应悟佛根源。
（宋·王十朋）

7. 菊花——佳友

南阳菊水多耆旧，此是延年一种花。
八十老人勤未啜，定教霜鬓变成鸦。
（清·郑板桥）

8. 桂花——仙友

滴露研朱染素秋，轻黄淡白总含羞。
量空金粟知难买，击碎珊瑚惜未收。
仙友自传丹灶术，狀无须作锦衣游。
（明·瞿佑）

9. 海棠——名友

诗里称名友，花中占上游。
风来香细细，何独是嘉州。
（宋·王十朋）

10. 荼蘼——韵友

名园雨盖漫童童，不似青蛇出瓮中。
好事主人仍好施，定移韵友乞山翁。
（宋·王十朋）

另有明代《锦绣万花谷》后集卷三十七云：

"芳友者，兰也。清友者，梅也。奇友者，蜡梅也。殊友者，瑞香也。净友者，莲也。禅友者，薝葡①也。佳友者，菊也。仙友者，桂也。名友者，海棠也。韵友者，荼蘼也。"

二、花中十二客

宋代张景修以十二种名花比作十二客，它们是：牡丹——贵客；莲花——静客；梅花——清客；茶花——雅客；菊花——寿客；桂花——仙客；瑞香——佳客；蔷薇——野客；丁香——素客；茉莉——远客；兰花——幽客；芍药——近客。

---

① 注："薝葡"即栀子花，栀子由西域进入中国，音译"薝葡"。

附录七 花卉药用食疗健体配方

一、花卉食谱

1. 花卉粥：桂花粥、栀子花粥、白兰花粥、玉兰花粥、金银粥、蔷薇粥、代代花粥、黄花粥、莲花粥等。
2. 花卉甜食与点心：桂花栗子酥、月季花酱、糖玫瑰、梅花烫饼、油炸栀子花、炸玉兰片、紫藤面饼、紫藤糕、炸菊花丝、炸莲花、炸叶糕等。
3. 花卉酒：桂花酒、玫瑰酒、菊花酒、梅花酒等。
4. 花卉饮料：双花饮、鸡冠花饮、银菊茶、仙人掌饮、菊桂绿茶饮等。
5. 花卉菜：兰花火锅、梅花鱼羹汤、红烧玉兰片、桃花溜黄菜、梨花里脊丝、牡丹花里脊丝、玫瑰银粉丝、玫瑰香蕉、玫瑰芝麻饼、糖醋槐花饼、月季花翡翠蚕豆、茉莉花烧豆腐、炝莲花、荷花熘鱼片、桂花芋头、家常菊花鱼、菊花炒鸡片、菊花炒肉丝等。

二、香花治疗法拾零

1. 解郁方：牡丹花、芍药花、桃花、梅花、紫罗兰、柠檬花、茉莉花、山栀花、黄花、兰花、桂花、木芙蓉、凌霄花、迎春花、郁金香花等，用于情绪不乐、郁闷寡欢的病人。
2. 宁神方：合欢花、菊花、百合花、水仙、莲花、兰花、茉莉花等，用于烦躁易怒、性急和失眠等症。
3. 增智方：菊花、薄荷、茉莉花，使人思想清晰、敏捷、灵活，有利于儿童智力发育。
4. 散寒方：丁香花、茉莉花、梅花等，用于虚寒症病人。
5. 止血方：山茶花、木槿花、萱草、山栀花、紫薇花、石榴花、鸡冠花等，用于活血化瘀。
6. 散血方：凌霄花、凤仙花、芍药花、杜鹃花、红花、柚花、石榴花等，用于活血化瘀。
7. 醒酒方：芍药花、葛花等，用于慢性酒精中毒。

以上处方用量根据不同病情按医嘱。

三、花卉美容方

古人认为，自然界的鲜花，为"天地精灵"所聚，才得此多妍。于是，便有了"貌美如花"之喻，便有了食花美容的诸多记载。

1. 桃花丸

秦末汉初的《神农本草经》，说桃花能"令人好颜色"，尔后的医籍对其"悦泽人面"的记载，更是条目繁多。据现代药理研究，从桃中提出的生物甙和植物激素，有抑制血凝和促进血液循环的特殊作用。中医认为，桃花色红入血分，具有疏肝解郁，行气活血的功效。故以桃花美容，最适于肝气不舒、血行不畅所致的面目黯然无华者；又因其能行血，故对面有粉刺、痤疮、蝴蝶斑者，亦有疗效。桃花丸的制作方法是，于春晨取初开桃花，烘干研末，过筛兑蜜为丸，早晚各服 6 g。据载，此丸对痛经者亦有治疗作用。

2. 菊花粥

历代医籍记载，菊花能"益颜色"，"令头不白"，服菊"百日，身轻润泽"。清代医家曹庭栋在《老老恒言》中指出，菊花粥能"养肝血，悦颜色"。现代药理研究，菊花含挥发性精油和菊色素，可增强毛细血管的张力。中医将菊花作为清肝明目的常用药。故菊花粥最适于肝火偏旺、眼赤多眵者美容，常服可使华发转青，眼睛清澈有神。菊花粥的制作方法是，霜前采初开菊，去蒂，烘干磨粉备用。每日熬 100 g 米为粥，成后，加 10～15 g 菊花粉，再沸即可取用。据临床观察，此粥还具有醒脑、增进记忆的作用，又常作为高血脂和心脑血管疾病的食疗方。

3. 木槿蜜

《本草纲目》记载，木槿花能治"肿瘤疥癣"。中医临床时，常用以清热解毒，除湿去晦。现代药理研究发现其所含皂甙及黏液质能润滑肌肤、促进表皮细胞增生。故木槿蜜对湿热内蕴所致的面疮、面癣，以及湿热上攻所致的面部油腻厚黄者，最为相宜。木槿蜜的制作方法是，盛夏取白色木槿花若干，急捣如泥，加冷开水搅和，绢滤绞汁，再与上等白蜜兑拌即成（注意防腐）。每次取木槿蜜一匙（5 ml）兑开水服。对长有粉刺、痤疮及面癣者，可取未兑蜜的木槿蜜汁擦敷，以增强疗效。木槿蜜对老年习惯性便秘有特效。据资料记载，因木槿含抗癌物质，故常服可防癌。

主要参考文献

[1] 陈俊愉，刘师汉. 园林花卉[M]. 上海：上海科学技术出版社，1980.

[2] 周武忠. 花与中国文化[M]. 北京：中国农业出版社，1999.

[3] 张启翔. 中国花文化起源与形成研究（一）[J]. 中国园林，2001（17）：73-76.

[4] 张启翔. 中国花文化起源与形成研究（二）[J]. 北京林业大学学报，2007（1）：75-79.

[5] 姜楠南，汤庚国，沈永宝.《红楼梦》海棠花文化考[J]. 南京林业大学学报：人文社会科学版，2008，8（1）：79-84.

[6] 戴敦邦，陈诏. 红楼梦群芳图谱[M]. 天津：天津杨柳青画社出版，1987.

[7] 张彩霞. 人与花心各自香——论《红楼梦》与《镜花缘》的"花人幻"[D]. 沈阳：辽宁师范大学，2012.

[8] 何晓颜. 从花中"君子"看中国花文化[J]. 生命世界，2008（9）：36-39.

[9] 李祖定. 中国传统吉祥图案[M]. 上海：上海科学普及出版社，1989.

[10] 洪存恩. 呼唤现代中华花文化[J]. 中国花卉园艺·半月刊，2005（2）：12-17.

[11] 陈俊愉，程绪珂. 中国花经[M]. 上海：上海文化出版社，1990.

[12] 张应麟. 花卉鉴赏浅识[J]. 园林，2000（11）：39.

[13] 李菁博，许兴，程炜. 花神文化和花朝节传统的兴衰与保护[J]. 北京林业大学学报：社会科学版，2012（3）：56-61.

[14] 周武忠. 华夏花间漫步[J]. 生命世界，2008（1）：88-93.

[15] 郑忠明. 蜡梅花文化研究[D]. 南京：南京林业大学，2010.

[16] 王玉英. 魅力博峪"采花节"[J]. 现代妇女，2012（2）：64-65.

[17] 贾军，卓丽环. 花语综议[J]. 北京林业大学学报（社会科学版），2010，9（3）：54-57.

[18] 百度百科. 彼岸花[EB/OL]. [2015-11-01] http：//baike.baidu.com.

[19] 赵文焕. 世界园艺史与社会人类学视野中的花文化研究[J]. 中国农史，2014（4）：137-145.

[20] 孙伯筠. 花卉鉴赏与花文化[M]. 北京：中国农业大学出版社，2006.

[21] 王小红. 牡丹文化的地域气质[J]. 中华文化论坛，2014（11）：101-104.

[22] 何小颜. 花与中国文化[M]. 北京：人民出版社，1999.

[23] 徐玉安. 押花画的制作[J]. 花木盆景：花卉园艺，2006（5）：16-19.

[24] 陈俊愉. 中国—世界园林之母亲—全球花卉之王国[J]. 大自然，2007（1）：15-18.

[25] 黄三秀，刘蕊，江灶发. 我国观赏植物种质资源特点与保护对策[J]. 现代农业科技，2011（7）：229-231.

[26] 杨宇. 中国花文化芬芳四溢满乾坤[J]. 西部广播电视，2009（2）：48-51.

[27] 陈冠群，江源，任丽，申晓辉. 国花、市花设立现状调查与分析[J]. 园林，2012（4）：76-80.

[28] 林夏珍，赵建强. 中国野生花卉种质资源调查综述[J]. 浙江林学院学报，2001，18（4）：441-444.

[29] 温跃戈. 世界国花研究[D]. 北京：北京林业大学，2013.

[30] 刘秀丽，张启祥. 中国玉兰花文化及其园林应用浅析[J]. 北京林业大学学报：社会科学版，2009（3）：54-58.

[31] 陈秀中. 中华民族传统赏花趣味初探[J]. 中国园林，1999（4）：12-15.

[32] 孙华燕. 隐喻视角下中西方花语的对比[J]. 黑龙江教育学院学报，2011（5）：150-152.

[33] 周武忠. 中国花文化研究综述[J]. 中国园林，2008（6）：79-84.

[34] 扈耕田. 牡丹文化研究现状评析[J]. 洛阳大学学报，2007，22（1）：21-25.

[35] 中国花文化网. 玫瑰花的传说[EB/OL]. [2015-12-25] http：//www.cnflower.org.cn.

[36] 贾军，卓丽环. 中国节庆的花俗文化[C]. 2008中国花文化学术研讨会论文集，2008：369-373.